事故是可以预防的

安全事故预防的行为控制与管理方法

戴世强　杨伟华　刘奕◎编著

事故怎么防，才能防得住？安全怎么管，才能见成效？

用好制度打造事故预防的**"安全网"**

以责任心筑就事故预防的**"防波堤"**

从细节上掐断引发事故的**"导火索"**

从习惯上安装事故预防的**"避雷针"**

人民日报出版社

图书在版编目（CIP）数据

安全事故预防的行为控制与管理方法 / 戴世强，杨
伟华，刘奕编著 . -- 北京：人民日报出版社，2020.12
ISBN 978-7-5115-6856-4

Ⅰ . ①安… Ⅱ . ①戴… ②杨… ③刘… Ⅲ . ①安全事
故—事故预防 Ⅳ . ① X928

中国版本图书馆 CIP 数据核字（2021）第 002986 号

书　　名：	安全事故预防的行为控制与管理方法 ANQUAN SHIGU YUFANG DE XINGWEI KONGZHI YU GUANLI FANGFA
作　　者：	戴世强　杨伟华　刘　奕
出 版 人：	刘华新
责任编辑：	刘天一
封面设计：	陈国风
出版发行：	人民日报出版社
地　　址：	北京金台西路 2 号
邮政编码：	100733
发行热线：	（010）65369509　65369827　65369846　65363528
邮购热线：	（010）65369530　65363527
编辑热线：	（010）65369844
网　　址：	www.peopledailypress.com
经　　销：	新华书店
印　　刷：	北京柯蓝博泰印务有限公司
开　　本：	710mm×1000mm　　1/16
字　　数：	187 千字
印　　张：	13.5
版次印次：	2021 年 4 月第 1 版　　2021 年 4 月第 1 次印刷
书　　号：	ISBN 978-7-5115-6856-4
定　　价：	56.80 元

前 言

安全生产，重在预防。

只有预防到位，事故才能避免，安全才有保障。预防事故的关键，是安全行为的控制和管理。不懂得预防为先、防范为重，只是喊"责任重于泰山"那是心灵的幼稚；不做好安全管理，消除隐患，只担心事故无法预防，那更是行为的幼稚。安全是永恒的追求，预防是不懈的主题。预防事故，来不得一丝一毫的马虎，容不下半分半秒的麻痹，因为事故的发生，往往只是一瞬之间的大意。

不难发现，许多重大的爆炸事故、物体打击事故、车辆伤害事故、机械伤害事故、起重伤害事故、触电事故、淹溺事故、灼烫事故、火灾事故、高处坠落事故、坍塌事故、冒顶片帮事故、透水事故、放炮事故、中毒和窒息事故……深究原因，都是因为预防工作不到位，行为控制不得法，安全意识没绷紧所导致的。如果很好地控制安全行为，管理安全隐患，这些事故是完全可以避免的。

人的麻痹大意的思想和不安全行为，是导致事故发生的罪魁祸首。因此，必须通过安全意识教育、安全制度约束、安全习惯培养、安全隐患消除、安全事故防范，来控制人的安全行为，提升人的事故预防意识，引导员工纠正不安全行为，提高自我保护能力和判断事故、消除事故、处理事故的能力，起到防止事故发生、减少事故伤害、实现安全生产的目的。

　　本书从安全事故预防的行为控制和管理出发，全面介绍了事故预防理论和事故预防的方法措施。不仅深入阐述了事故是可以预防的理论，还从用制度打造事故预防的"防护网"、用责任心筑起事故预防的"防波堤"、从源头上掐断事故发生的"导火索"、从行为上把严事故预防的"安全阀"、从隐患上清除引发事故的"可能性"、从防范方法上守牢事故预防的"防火墙"等七大方面，全面探讨了事故预防的行为控制和管理方法。既有理论性，又有可读性，是企业安全生产、事故预防和员工安全行为控制的最佳教育读本，也是员工提升安全意识、增强安全技能的参考指导读物。

目录

第一章　学习事故理论，事故是可以预防的 / 001

　　事故是安全最大的敌人，也是伤亡和损失最大的祸根。不出事故一切安好，一出事故一切归零。因而杜绝事故是安全管理的重中之重、要中之要。好在事故并非不可战胜，只要消除事故发生的诱因，重视在先，预防在前，许多事故都是可以预防的。

1.事故猛如虎，一出事故万事皆空 / 002

2.了解安全事故的特征及类型 / 005

3.掌握事故形成的原因理论 / 008

4.许多事故都是可以预防的 / 013

5.杜绝事故的关键在于预防 / 018

第二章　制定安全制度，用制度打造事故预防的"防护网" / 021

　　做任何事情都必须先立规矩，事故控制更是如此。没有规矩不成方圆，没有制度也就没有安全。用严谨规范的制度约束不安全行为，发现事故征兆，控制事故苗头，才能铸就安全管理的"护身符"，打造事故控制的"防护网"。

1.没有规矩不成方圆，没有制度就没有安全 / 022

2. 规范操作规程：打造安全操作的标尺 / 024

3. 严格劳动纪律：守纪律才能少事故 / 028

4. 强化岗位责任制度：守住岗位安全 / 032

5. 问责制度：串起坚实的安全责任链 / 038

6. 加强安全监管制度：严格监管才能堵住事故之门 / 041

7. 制度在于落实：制度不能落实安全就会成空 / 044

第三章 负起安全责任，用高度的责任心筑起事故预防的"防波堤" / 047

安全在于责任，责任保证安全。责任至高无上，责任重于泰山。责任是安全管理的前提，是事故控制的基础，负起责任就能保证安全，推卸责任等于放弃安全，只有每一个人都树立起高度的责任心，才能筑起事故预防的"防波堤"。

1. 安全就是责任，责任决定安危 / 048

2. 负起责任才能杜绝事故 / 050

3. 不负责任就会酿成事故 / 052

4. 只有强烈的责任心才是事故的避风港 / 053

5. 只负责任不找借口，借口是事故的温床 / 057

6. 服从命令，认真落实安全责任 / 059

7. 尽忠职守，把安全责任贯穿到每一分每一秒 / 060

第四章 重视违章危害，从源头上掐断引发事故的"导火索" / 063

违章违纪，是最不安全的行为，也是许多事故发生的罪魁祸首。安全统计数据表明，大多数事故是因为违章导致的。而事故一旦发生，就会导致伤害，导致损失，甚至导致死亡。要真正把事故防住，就必须从源头上重视违章的危害，控制违章违纪行为，掐断引发事故的"导火索"。

1. 触目惊心的事故大多数是因为违章 / 064

2. 违章是伤亡和损失最大的祸根 / 067

3. 要安全就不能有违章 / 071

4. 常见违章行为的表现 / 073

5. 违章违纪发生的原因分析 / 079

6. 最易发生违章行为的员工特点 / 081

7. 最易发生违章违纪的场合和时间 / 085

8. 员工典型违章心理及矫正 / 087

第五章　杜绝违章违纪，从行为上把严事故预防的"安全阀" / 097

有一句安全警语："违章操作就是自杀，违章指挥就是杀人"，千万别认为这是危言耸听，无数血淋淋的事故案例早已证实了违章违纪就是事故之源头、伤亡之祸首。违章不反，事故不绝。要控制事故，必须严反违章，从行为上把严事故预防的"安全阀"。

1. 警惕违章指挥，违章指挥危害大 / 098

2. 违章指挥的特点和原因分析 / 101

3. 典型违章指挥行为的纠正方法 / 103

4. 严反违章作业，违章作业就是自杀 / 105

5. 谨守"三不"原则，杜绝违章作业 / 107

6. 提高预防意识，减少错误操作 / 110

7. 典型违章作业行为的纠正措施 / 113

8. 违反劳动纪律行为表现及纠正方法 / 128

第六章　清除安全隐患，消除一切引发事故的"可能性" / 135

隐患是什么？隐患就是隐藏着的祸患，就是看不见的危险。正是因为其"隐"，所以更不容易被发现，更不容易被清除，也就更凶险、危害更巨大。隐患就像一颗不知道埋藏在什么地方的定时炸弹一样，说不准什么时候就会爆炸。因而防事故必须除隐患，只有深入细致查找隐患、及时有效整改隐患、干净彻底清除隐患，安全才有保障，事故控制才成为可能。

1. 隐患就是引发事故的"定时炸弹" / 136

2. 只要有隐患存在，安全就不可能有保障 / 138

3. 不出事不等于没有事，隐患不除事故不绝 / 139

4. 常见隐患的分类及表现 / 143

5. 企业隐患排查制度、程序和主要方法 / 149

6. 查找隐患要有一双"火眼金睛" / 156

7. 查找隐患要细、严、实，不留任何死角 / 159

8. 查一处要清除一处，隐患必须立即整改 / 161

9. 不放过任何隐患，放过隐患就是制造事故 / 164

10. 辨识重大危险源，清除重大危险因素 / 166

第七章　学会事故预防方法，守牢事故预防的"防火墙" / 171

控制事故，关键在于预防。预防事故是控制事故的"防火墙"，也是至关重要的一道关口。只有掌握事故预防要点，针对不同类型的事故采取不同的防范方法，有的放矢，对症下药，守牢事故预防的防线，才能把事故消灭在发生之前。

1. 防范胜于救灾，杜绝事故的关键在于预防 / 172

2. 发现事故背后的征兆，重视征兆背后的苗头 / 174

3. 规范操作，预防机械伤害事故 / 177

4. 小心用电，预防触电伤亡事故 / 178

5. 加强现场管理，谨防物体打击事故 / 181

6. 严守起重安全规范，杜绝起重伤害事故 / 183

7. 提高安全意识，防范高处坠落事故 / 185

8. 加强危险品管理，避免爆炸事故 / 187

9. 抓好矿山施工安全，防范坍塌及冒顶事故 / 189

10. 注意有毒环境防护，严防中毒窒息事故 / 192

11. 学会事故应急逃生技巧，避免二次伤害 / 194

第一章

学习事故理论，事故是可以预防的

事故是安全最大的敌人，也是伤亡和损失最大的祸根。不出事故一切安好，一出事故一切归零。因而杜绝事故是安全管理的重中之重、要中之要。好在事故并非不可战胜，只要消除事故发生的诱因，重视在先，预防在前，许多事故都是可以预防的。

⚠ 1. 事故猛如虎，一出事故万事皆空

事故是伤亡的源头，事故是损失的祸根，事故是效益的敌人。事故伤害一切美好，阻断一切希望，事故是掐灭人世间一切幸福和美好的元凶！所以，要安全、要生命、要幸福、要效益、要希望，就一定不能有事故。因为不出事故一切都好，一出事故，则一切都会归零！

也许我们一直对安全不以为然，我们却一直是安全的；也许我们对违章操作满不在乎，我们也一直安然无恙；也许我们对隐患茫然不知，我们却一直什么事也没有……是的，这很有可能，因为还没有发生事故。然而，一旦发生事故，一切就会截然不同！

煤矿发生了特大瓦斯煤尘爆炸事故，死亡15人，重伤2人，轻伤4人，另外在抢救事故中牺牲了1名救护队员，造成经济损失近300万元。

事故原因是二采区202、203工作面局扇串联通风，早8时班的矿工下班前井下停电、停风，造成瓦斯积聚。下午4点班的矿工上班后启动局扇通过串联风机将202工作面的瓦斯抽入203工作面，使该矿工作面四顺槽的瓦斯达到了爆炸浓度，工人打眼前试钻产生火花，引起瓦斯爆炸，这是造成事故的直接原因。

该煤矿的通风、瓦斯、煤尘、电气设备管理十分混乱，二采区集中运输巷回风、溜煤眼回风、采空区回风、局扇串联通风、通风系统极不合理；局扇无专人管理，停电、停风时有发生；工作面瓦斯有超限现象；矿井没

有综合防尘措施，井下积尘严重；电气设备失爆严重，一次抽查失爆率高达33%。该矿对多次安全大检查查出的上述通风、瓦斯、煤尘、电气设备等重大隐患都没有认真整改。事故让该煤矿一度停产，造成重大经济损失。

一起安全事故，不仅造成无数个年轻生命无辜断送，无数个老幼无奈地承受生离死别的伤痛，还会造成极为恶劣的社会影响。安全事故带来的人员的伤、残、亡及相关的赔偿，会造成重大财产、人力、物力、劳动时间的损失和浪费，造成对生产的重大影响，使生产停滞，效益下滑，为企业造成几万元，甚至几十万、上百万元的直接损失，而事故所带来的间接损失，更是不可限量，难以估算。有时一个发展良好的企业，就因为一场事故，将一切化为乌有，让一切归零，甚至让企业破产，永远都不再有翻身的机会！

事故就是企业最危险的杀手，不出事故一切都好，一出事故一切归零，什么都没有了，什么都失去了，什么都成空了。不仅对企业如此，对个人，对家庭，尤其如此！

某能源股份有限公司煤矿，26岁的雷某违章进塘作业，被断裂的顶板砸伤，经抢救无效死亡。

他原本有一个幸福的家，就因为一时疏忽大意，违章作业，酿成大祸，一切已经太晚！他来不及躲闪，来不及向父母诉说，来不及再看看妻子，来不及爱抚孩子，一切都因为违章而来不及了。他走了，永远地走了，是带着遗憾和后悔走的，带走了亲人脸上的笑容，留下的是年迈的父母，悲伤的妻子，苦命的孩子，和那个永远失去了欢乐的家。母亲大声地呼唤："儿啊，睁开眼看看娘吧！你把娘也带走吧！儿啊！"妻子用嘶哑的声音一遍遍呼唤丈夫的名字，多希望丈夫能再答应一声。她常常傻傻地望着丈夫生前下班的路发呆，盼望着有一天奇迹会出现，然而，怎么可能呢？生命一旦逝去，就永远也不会再回来了。

一旦出事故，一旦发生伤残，幸福的家庭就会毁了！安全是幸福的源头，安全是幸福的保障，安全是幸福的出发点和落脚点。没有安全，何谈幸福？

安全事故不仅造成经济上的重大损失，而且给家庭、企业、社会留下沉重的包袱和不稳定因素。一起安全事故的发生，对于一个企业来讲，其损失是惨重的，可对于一个家庭来讲，根本不能用损失来衡量，它是一场无法弥补的灾难，是永远挥之不去的噩梦，是永无尽头的伤痛！父母失去儿子、妻子失去丈夫、子女失去父亲，情侣失去爱人……一幕又一幕惨景，留下的永远是泪水和悲恸。

不论是企业还是个人，没有任何一个人想出事故，愿意出事故。因为只要有事故，就会有损失，就会受影响，就会有可能发生伤亡，有惨不忍睹、触目惊心的惨剧发生。只有杜绝事故，才能保证安全，保证发展，保证幸福！所以，抓安全最重要的是防事故，只有全面防范事故，才能保证安全。必须提高事故预防意识，认识到事故对生命的巨大威胁，认识到事故的巨大危害，认识到事故的惨痛后果，并把事故消灭在发生之前，才能守住我们已有的一切，才能永续发展，才能拥抱幸福！

⚠ 2. 了解安全事故的特征及类型

事故是指造成死亡、疾病、伤害、损坏或其他损失的意外情况。生产安全事故是指职业活动或有关活动过程中发生的意外突发性事件的总称，通常会导致正常活动中断，造成人员伤亡或财产损失。是生产经营单位在生产经营活动（包括与生产经营有关的活动）中突然发生的伤害人身安全和健康，或者损坏设备设施，或者造成经济损失，导致暂时中止或永远终止的意外事件。

防范事故是安全管理的立足点，也是安全管理的最终目的。所以，全面了解事故的特征、过程、诱因等，对安全管理、防范事故、杜绝伤亡，意义重大。

（1）生产安全事故的特征

根据事故特性的研究分析，可以发现事故有以下的特征。

①事故的因果性

工业事故的因果性是指事故由相互联系的多种因素共同作用的结果，引起事故的原因是多方面的，在伤亡事故调查分析过程中，应弄清事故发生的因果关系，找到事故发生的主要原因，才能对症下药，有效地防范。

②事故的随机性

事故的随机性是指事故发生的时间、地点、事故后果的严重性是偶然的。这说明事故的预防具有一定的难度。但是，事故这种随机性在一定范畴内也遵循统计规律。从事故的统计资料中可以找到事故发生的规律性。

因而，事故统计分析对制定正确的预防措施有重大的意义。

③事故的潜伏性

表面上，事故是一种突发事件。但是事故发生之前有一段潜伏期。在潜伏期，人、机、环境系统所处的这种状态是不稳定的，也就是说系统存在着事故隐患，具有危险性。如果这时有一个触发因素出现，就会导致事故的发生。在工业生产活动中，企业较长时间内未发生事故，如麻痹大意，就是忽视了事故的潜伏性，这是工业生产中的思想隐患，应予克服。掌握了事故潜伏性对有效预防事故可以起到关键作用。

④事故的可预防性

现代工业生产系统是人造系统，这种客观实际给预防事故提供了基本的前提。所以说，任何事故从理论和客观上讲，都是可预防的。认识这一特性，对坚定信念，防止事故发生有促进作用。因此，人类应该通过各种合理的对策和努力，从根本上消除事故发生的隐患，把工业事故的发生降低到最小限度。

⑤事故主体的特定性

仅限于生产经营单位在从事生产经营活动中发生的事故。从事生产经营活动的单位主要包括工矿商贸领域的公司、企业、合伙人、个体户等生产经营单元。

⑥事故地域的不确定性

生产安全事故发生的地域范围是不固定的，但又是限定在有限范围内的。

⑦事故的破坏性

生产安全事故对人员或生产经营单位造成了一定的损害结果，造成了人员伤亡或者给生产经营单位造成了直接经济损失，影响了生产经营活动正常开展。

⑧事故的突发性

生产安全事故是短时间内突然发生的，不同于在某种危害因素长期影响下发生的其他损害事件。

⑨事故的过失性

生产安全事故主要是人的过失造成的，同洪水、泥石流等不可抗力造成的灾害有本质的区别，如因违章作业、冒险作业等发生的生产安全事故；工作环境不良、设备隐患等原因造成生产安全事故发生也应归为过失行为，是生产经营单位负责人员在本单位安全生产管理工作中存在过失行为，没有立即纠正、排除不良作业因素，放任不良因素继续存在致使发生事故。

（2）生产安全事故的类型

安全事故会发生在生产生活的各个方面，因而各种各样、各种性质、各种程度的事故都有发生。根据各行业性质、特点不同、事故严重程度不同，事故的分类也不相同。

一般按伤亡程度和损失大小，把事故划分为特别重大事故、重大事故、较大事故和一般事故4个等级。

①特别重大事故，是指造成30人以上死亡，或者100人以上重伤，或者1亿元以上直接经济损失的事故。

②重大事故，是指造成10人以上30人以下死亡，或者50人以上100人以下重伤，或者5000万元以上1亿元以下直接经济损失的事故。

③较大事故，是指造成3人以上10人以下死亡，或者10人以上50人以下重伤，或者1000万元以上5000万元以下直接经济损失的事故。

④一般事故，是指造成3人以下死亡，或者10人以下重伤，或者1000万元以下直接经济损失的事故。其中，事故造成的急性工业中毒的人数，也属于重伤的范围。

按事故发生的原因将伤亡事故分为以下20类：物体打击、车辆伤害、机械伤害、起重伤害、触电、淹溺、灼烫、火灾、高处坠落、坍塌、冒顶片帮、透水、放炮、火药爆炸、瓦斯爆炸、锅炉爆炸、容器爆炸、其他爆炸、中毒和窒息、其他伤害。

按照事故发生的行业，可将事故分为煤矿事故、金属与非金属矿事故、工商企业（建筑业、危险化学品、烟花爆竹）事故、火灾事故、道路交通事故、水上交通事故、铁路运输事故、民航飞行事故、农业机械事故、渔业船舶事故、其他事故等。

另外还可以按伤害程度、伤害部位、事故管理原因、事故致因物、事故致害物、事故人为原因、事故不安全状态等多种分类方法对事故进行划分。

总之，事故的分类便于事故的预防和管理，所以在不同的环境中有不同的分类方法和标准。

⚠ 3. 掌握事故形成的原因理论

为什么会发生事故？其根本原因是人的不安全行为和物的不安全状态引发安全状态的改变，从而引发事故；而管理缺陷、控制不力、缺乏知识、对存在的危险估计错误或其他个人因素等都是引发事故的原因之一。

（1）物的不安全状态和人的不安全行为

①物的不安全状态

▲防护、保险、信号等装置缺乏或有缺陷

包括：无防护；无防护罩；无安全保险装置；无报警装置；无安全标志；无护栏或护栏损坏；（电气）未接地；绝缘不良；局扇无消音系统、噪声大；危房内作业；未安装防止"跑车"的挡车器或挡车栏；其他。

▲防护不当

包括：防护罩未在适当位置；防护装置调整不当；坑道掘进、隧道开凿支撑不当；防爆装置不当；采伐、集材作业安全距离不够；放炮作业隐蔽所有缺陷；电气装置带电部分裸露；其他。

▲设备、设施、工具、附件有缺陷

包括：设计不当，结构不合安全要求；通道门遮挡视线；制动装置有缺欠；安全间距不够；拦车网有缺欠；工件有锋利毛刺、毛边；设施上有锋利倒棱；其他。

▲强度不够

包括：机械强度不够；绝缘强度不够；起吊重物的绳索不合安全要求；其他。

▲设备在非正常状态下运行

包括：设备带"病"运转；超负荷运转；其他。

▲维修、调整不良

包括：设备失修；地面不平；保养不当、设备失灵；其他。

▲个人防护用品用具——防护服、手套、护目镜及面罩、呼吸器官护具、听力护具、安全带、安全帽、安全鞋等缺少或有缺陷

包括：无个人防护用品、用具；所用的防护用品、用具不符合安全要求。

▲生产（施工）场地环境不良

包括：照明光线不良；照度不足；作业场地烟雾尘弥漫视物不清；光线过强；通风不良；无通风；通风系统效率低；风流短路；停电停风时放炮作业；瓦斯排放未达到安全浓度放炮作业；瓦斯超限；其他。

▲作业场所狭窄

包括：作业场地杂乱；工具、制品、材料堆放不安全；采伐时，未开"安全道"；迎门树、坐殿树、搭挂树未作处理；交通线路的配置不安全；操作工序设计或配置不安全；地面滑；地面有油或其他液体；冰雪覆盖；

地面有其他易滑物；贮存方法不安全；环境温度、湿度不当。

②人的不安全行为

▲操作错误，忽视安全，忽视警告

包括：未经许可开动、关停、移动机器；开动、关停机器时未给信号；开关未锁紧，造成意外转动、通电或泄漏等；忘记关闭设备；忽视警告标志、警告信号；操作错误（指按钮、阀门、扳手、把柄等的操作）；奔跑作业；供料或送料速度过快；机械超速运转；违章驾驶机动车；酒后作业；客货混载；冲压机作业时，手伸进冲压模；工件紧固不牢；用压缩空气吹铁屑；其他。

▲造成安全装置失效

包括：拆除了安全装置；安全装置堵塞，失掉了作用；调整的错误造成安全装置失效；其他。

▲使用不安全设备

包括：临时使用不牢固的设施；使用无安全装置的设备；其他。

▲手代替工具操作

包括：用手代替手动工具；用手清除切屑；不用夹具固定、用手拿工件进行机加工。

▲物体存放不当

包括：成品、半成品、材料、工具、切屑和生产用品等存放不当。

▲冒险进入危险场所

包括：冒险进入涵洞；接近漏料处（无安全设施）；采伐、集材、运材、装车时，未离危险区；未经安全监察人员允许进入油罐或井中；未"敲帮问顶"开始作业；冒进信号；调车场超速上下车；易燃易爆场合明火；私自搭乘矿车；在绞车道行走；未及时瞭望。

▲攀、坐不安全位置

包括：攀爬或坐卧在平台护栏、汽车挡板、吊车吊钩上。

▲在起吊物下作业、停留

▲机器运转时做加油、修理、检查、调整、焊接、清扫等工作

▲有分散注意力行为

▲在必须使用个人防护用品用具的作业或场合中，忽视使用

包括：未戴护目镜或面罩；未戴防护手套；未穿安全鞋；未戴安全帽；未佩戴呼吸护具；未佩戴安全带；未戴工作帽；其他。

▲不安全装束

包括：在有旋转零部件的设备旁作业时穿过肥服装；操纵带有旋转零部件的设备时戴手套；其他。

▲对易燃、易爆等危险物品处理错误

当然，除了认为人的不安全行为和物的不安全状态是导致事故的重要原因外，对于事故形成原因的分析还有各种各样的理论。

（2）事故形成的相关理论

关于事故的形成理论很多，其中影响较大的是事故倾向理论、事故因果连锁理论、轨迹交叉理论。

①事故倾向理论

是 1919 年由格林伍德（Greenwood）和伍兹（Woods）提出的，后来又由纽伯尔德（Newbold）在 1926 年以及法默（Farmer）在 1939 年分别对其进行了补充。该理论认为，从事同样的工作和在同样的工作环境下，某些人比其他人更易发生事故，这些人是事故倾向者，他们的存在会使生产中的事故增多；如果通过人的性格特点区分出这部分人而不予雇佣，则可以减少工业生产的事故。这种理论把事故致因归咎于人的天性，至今仍有某些人赞成这一理论，但是后来的许多研究结果并没有证实此理论的正确性。

②事故因果连锁理论

1936 年由美国人海因里希（Heinrich）提出事故因果连锁理论。海因里希认为，伤害事故的发生是一连串的事件，按一定因果关系依次发生的

结果。他用五块多米诺骨牌来形象地说明这种因果关系，即第一块牌倒下后会引起后面的牌连锁反应而倒下，最后一块牌即为伤害。因此，该理论也被称为"多米诺骨牌"理论。多米诺骨牌理论建立了事故致因的事件链这一重要概念，并为后来者研究事故机理提供了一种有价值的方法。

③轨迹交叉理论

随着生产技术的提高以及事故致因理论的发展完善，人们对人和物两种因素在事故致因中地位的认识发生了很大变化。约翰逊和斯奇巴提出了轨迹交叉理论。该理论主要观点是，在事故发展进程中，人的因素运动轨迹与物的因素运动轨迹的交点就是事故发生的时间和空间，即人的不安全行为和物的不安全状态发生于同一时间、同一空间或者说人的不安全行为与物的不安全状态相通，则将在此时间、此空间发生事故。

轨迹交叉理论将事故的发生发展过程描述为基本原因→间接原因→直接原因→事故→伤害。从事故发展运动的角度看，这样的过程被形容为事故致因因素导致事故的运动轨迹，具体包括人的因素运动轨迹和物的因素运动轨迹。

人的因素运动轨迹源于人的不安全行为，一般有行为失误；生理、先天身心缺陷；社会环境、企业管理上的缺陷；后天的心理缺陷；视、听、嗅、味、触等感官能量分配上的差异。而物的运动轨迹由生产过程各阶段的不安全状态共同组成，包括设计上的缺陷，如用材不当、强度计算错误、结构完整性差等；制造、工艺流程上的缺陷；使用上的缺陷；维修保养上的缺陷，降低了可靠性；作业场所环境存在的缺陷。

轨迹交叉理论突出强调的是"砍断物"的事件链，提倡采用可靠性高、结构完整性强的系统和设备，大力推广保险系统、防护系统和信号系统及高度自动化和遥控装置。这样，即使人为失误构成了人的因素，也会因安全闭锁等可靠性高的安全系统的作用，使物的因素发展得以控制，从而避免伤亡事故的发生。也就是说安全管理的重点应放在控制物的不安全状态上，即消除"起因物"，当然就不会出现"施害物""砍断物"的因素运动轨迹，使人与物的轨迹不相交叉，事故即可避免。所以，要防范事故，最重要的就是不让人的不安全行为和物的不安全状态交叉。

另外，还有事故冰山理论，该理论认为，安全事故的发生类似于海中漂浮的冰山，露在海面上的冰山只是事故一角，真正的事故主体是隐藏在海下的那部分。一个事故露出来，水面下必定有成千上万的不安全隐患掩盖其下。水面下看不到的还有许多的问题、未暴露的问题、潜在的问题，而这些问题才是最重要的。

⚠ 4. 许多事故都是可以预防的

事故的发生是有其原因的，那么，安全事故可以预防吗？答案是肯定的，不仅可以预防，而且还可以避免。现代企业安全的典范杜邦公司提出了"一切事故都是可以预防的"理论，即杜邦理论，并身体力行，用杜邦企业的安全成果有力地证明了这一理论的正确性。

从 1802 年杜邦初建开始，产品几乎全部是最易引起事故的黑火药。火药时刻会爆炸，尽管创始人 E.I. 杜邦在厂房选址及车间设计上，充分考虑了将可能的爆炸造成的损失减少到最小，但接二连三的重大伤亡事故仍然发生，以至于 E.I. 杜邦的几位亲人也没能逃脱厄运。其中，最大的事故发生在 1818 年，100 多名员工中，有 40 多人伤亡，企业一度濒临破产。刻骨铭心的事故让创始人 E.I. 杜邦体会到，设备和厂房的安全并不能完全杜绝安全事故，真正的安全，必须有制度和意识的保证。事故发生后不久，

E.I. 杜邦做出了今天看来堪称影响杜邦历史的三个决策：首先，建立管理层对安全的责任制度，而不专设安全生产部门。即：从总经理到厂长、部门经理、组长等，所有管理者均是安全生产的直接责任人。其次，建立公积金制度，即：从员工工资、企业利润中定期提取公积金，为万一发生的事故提供经济补偿。第三，建立"以人为本"的安全管理理念。即：通过各种形式的宣传教育，让员工真正认识到，安全生产并不是对他们生产行为的约束与纠正，而是对他们人身的真正关怀与体贴。

多年来，杜邦不折不扣地执行着上述三条决策。以至于今天，安全观念已成为杜邦独特企业文化的一部分：每次公司召开会议，主持人首先要做安全提示，提醒与会者安全通道出口的位置，及如遇紧急情况时应采取的措施；在公司办公室中，座椅者绝不可使座椅两腿着地；公司更是要求杜邦员工及其家属在乘任何机动车辆时，应随时系好安全带。

20 世纪 40 年代，该公司提出了"一切事故都是可以预防的"理念，而提出这个理念的基础，就是这个公司从 1912 年开始的安全数据的统计工作。大量的统计数据，所有的事故分析，都支持了这个结论。因此，杜邦公司把所有的安全目标都定为零，包括零伤害、零职业病和零事故。他们有严密的安全原则和必胜的安全信念，尽力斩断"事故链"的每一个环节，达到工作时比在家里还要安全十倍的理想境界。

杜邦理论与海因里希法则正好可以互相佐证。

海因里希法则（Heinrich's Law）又称"海因里希安全法则""海因里希事故法则"，是海因里希从统计灾害事故中得出的，又称 300 : 29 : 1 法则。

当时，海因里希统计了 55 万件机械事故，其中死亡、重伤事故 1666 件，轻伤 48334 件，其余则为无伤害事故。从而得出一个重要结论，即在机械事故中，死亡、重伤、轻伤和无伤害事故的比例为 300 : 29 : 1，国际上把这一法则叫"事故法则"，也叫"300：29：1法则"。这个法则说明，在机械生产过程中，每发生330起意外事件，有300件未产生人员伤害，29件造成人员轻伤或故障，1件导致重伤、死亡或重大事故。

后来这一法则被应用于企业的安全管理上，即在一件重大事故背后必有29件轻度的事故，还有300件潜在的隐患。而最可怕的是对潜在性事故毫无觉察，或是麻木不仁，结果导致无法挽回的损失。

对于不同的生产过程，不同类型的事故，并不一定完全与300：29：1的比例关系相同，但这个统计规律说明了在进行同一项活动中，无数次意外事件，必然导致重大伤亡事故的发生。而要防止重大事故的发生必须减少和消除无伤害事故，要重视事故的苗头和未遂事故，否则终会酿成大祸。

例如，某机械师企图用手把皮带挂到正在旋转的皮带轮上，因未使用拨皮带的杆，且站在摇晃的梯板上，又穿了一件宽大长袖的工作服，结果被皮带轮绞入碾死。事故调查结果表明，他这种上皮带的方法已使用数年之久。查阅他这四年的病历（急救上药记录），发现他有33次手臂擦伤后治疗处理记录，他手下工人均佩服他手段高明，结果还是导致死亡。这一事例同样说明，重伤和死亡事故虽有偶然性，但是不安全因素或动作在事故发生之前已暴露过许多次，如果在事故发生之前，抓住时机，及时消除不安全因素，许多重大伤亡事故是完全可以避免的。

海因里希把工业伤害事故的发生、发展过程描述为具有一定因果关系的事件的连锁发生过程。

（1）人员伤亡的发生是事故的结果。

（2）事故的发生是由于：人的不安全行为；物的不安全状态。

（3）人的不安全行为或物的不安全状态是由于人的缺点造成的。

（4）人的缺点是由于不良环境诱发的，或者是由先天的遗传因素造成的。

因而，人的不安全行为、物的不安全状态是事故的直接原因，企业事故预防工作的中心就是消除人的不安全行为和物的不安全状态。海因里希的研究说明，大多数的工业伤害事故都是由于工人的不安全行为引起的。即使一些工业伤害事故是由于物的不安全状态引起的，则物的不安全状态的产生也是由于工人的缺点、错误造成的。所以，海因里希理论也和事故频发倾向论一样，把工业事故的责任归因于工人。从这种认识出发，海因里希进一步追究事故发生的根本原因，认为人的缺点来源于遗传因素和人员成长的社会环境。

海因里希最初提出的事故因果连锁过程包括如下 5 个因素。

（1）遗传及社会环境。遗传因素及环境是造成人的性格缺点的原因，遗传因素可能造成鲁莽、固执等不良性格；社会环境可能妨碍教育、助长性格上的缺点发展。

（2）人的缺点。人的缺点是使人产生不安全行为或造成机械、物质不安全状态的原因，它包括鲁莽、固执、过激、神经质、轻率等性格上的先天缺点，以及缺乏安全生产知识和技能等后天缺点。

（3）人的不安全行为或物的不安全状态。所谓人的不安全行为或物的不安全状态是指那些曾经引起过事故，或可能引起事故的人的行为，或机械、物质的状态，它们是造成事故的直接原因。例如，在起重机的吊荷下停留、不发信号就启动机器、工作时间打闹或拆除安全防护装置等都属于人的不安全行为；没有防护的传动齿轮、裸露的带电体、或照明不良等属于物的不安全状态。

（4）事故。事故是由于物体、物质、人或放射线的作用或反作用，使人员受到伤害或可能受到伤害的、出乎意料之外的、失去控制的事件。坠落、物体打击等使人员受到伤害的事件是典型的事故。

（5）伤害。直接由于事故而产生的人身伤害。他用多米诺骨牌来形象地描述这种事故因果连锁关系，在多米诺骨牌系列中，一颗骨牌被碰倒了，则将发生连锁反应，其余的几颗骨牌相继被碰倒。如果移去连锁中的一颗骨牌，则连锁被破坏，事故过程被中止。海因里希认为，企业安全工作的中心就是防止人的不安全行为，消除机械的或物质的不安全状态，中断事故连锁的进程来避免事故的发生。

海因里希法则要强调的是，最可怕的是对潜在性事故毫无觉察，或是麻木不仁，结果导致无法挽回的损失。因为一起重大伤亡事故的发生，其实至少已经有29个轻伤事故和300个隐患发生了，只是没有引起人们的重视。如果足够重视或是及时纠正了的话，重伤事故就不会发生。海因里希法则不仅说明事故是可以预防的，而且说明了隐患对于安全的巨大威胁。

海因里希法则强调两点：一是事故的发生是量的积累的结果；二是再好的技术，再完美的规章，在实际操作层面，也无法取代人自身的素质和责任心。

海因里希法则被应用于企业的生产管理，特别是安全管理中。一些企业发生安全事故，甚至重特大安全事故接连发生，问题就出在对事故征兆和事故苗头的忽视上。海因里希法则对企业来说是一种警示，它说明任何一起事故都是有原因的，并且是有征兆的；它同时说明安全生产是可以控制的，安全事故是可以避免的；它也给了企业管理者生产安全管理的一种方法，即发现并控制征兆从而预防事故的方法。

海因里希法则不仅被用于生产管理中的安全事故发现与防治，还被运用到企业的整个经营过程中，用来分析企业的经营问题。一个企业是否经营得好与它平时的表现是有相当大的关系的，企业发生亏损甚至倒闭，都能够从企业的经营中发现这些征兆。

假如人们在安全事故发生之前，预先防范事故征兆、事故苗头，预先采取积极有效的防范措施，那么，事故苗头、事故征兆、事故本身就会被减少到最低限度，安全工作水平也就提高了。由此推断，要制伏事故，重在防范，要保证安全，必须以预防为主。

把杜邦理论和海因里希法则结合起来看，就可以很明显地看出，事故确实是可以预防的，完全可以把事故消灭在未发生之前，只要我们把事故发生之前的300个违章或隐患找出来，消灭掉；把29件轻伤事故提前预防，不让它发生，威胁生命安全的重大事故就必然无处隐藏，无处逃遁，不可能再发生！只要安全工作做得扎实、管理到位，作业者的安全意识、技能和防范能力到位，许多事故都是可以有效预防和避免的，关键在于人，在于每一个员工，在于每一个员工的思想和行动。

⚠ 5. 杜绝事故的关键在于预防

从前面的杜邦理论和海因里希法则可以清楚地看到，事故都是可以预防甚至避免的，关键就在于把预防工作做到位。古话说得好"有备无患""防患于未然""凡事预则立，不预则废"，只要做好预防工作，事故都可以预防，危险都可以避开。这和防病治病，是一个道理。

《黄帝内经·素问·四气调神大论》："是故圣人不治已病治未病，不治已乱治未乱，此之谓也。夫病已成而后药之，乱已成而后治之，譬犹渴而穿井，斗而铸锥，不亦晚乎！"另外《黄帝内经·灵枢·逆顺》也说："上工刺其未生者也；其次，刺其未盛者也，……上工治未病，不治已病，此之谓也。"

这句话的基本意思就是重在预防，"上工治未病"包括未病先防、已病防变、已变防渐等多个方面的内容，这就要求人们不但要治病，而且要防病；不但要防病，而且要注意阻挡病变发生的趋势、并在病变未产生之前就想好能够采用的救急方法，这样才能掌握疾病的主动权，达到治病的"上工之术"。

这个道理和我们预防事故有异曲同工之妙。抓安全、防事故也要像高明的医生治未病一样，预防在前，防患于未然，才是最有效的做法。古代还有一位名医扁鹊，也有一个发人深省的关于预防的故事。

魏文王问扁鹊：你们兄弟三人，都精于医术，谁最高明？

扁鹊回答：大哥医术最高明，其次是二哥，最后是我。

文王又问：既如此，为何你的名气最大？

扁鹊回答：那是因为大哥治病，是在病发之前就将病根铲除了，人们不以为然，所以他的名声无法传出；二哥治病，是在病起之初就已经治好了，人们以为他只能治些小病小痛，所以他只在附近乡里小有名气；而我是在病人病情严重的时候施治，人们看到了我做的是动针、动刀，开胸破腹之类的大手术，就认为我的医术高超，所以声名远播。

扁鹊的见解，同样与今天我们抓安全"预防为主"的方针不谋而合，都是注重一个"防"字，防病胜于治病，防事故胜于救事故。防，是准备、是基础、是先机，是把一切不利掐灭在发生之前的关键。"人无远虑，必有近忧""工欲善其事，必先利其器""少小不努力，老大徒伤悲""常将有日思无日，莫待无时想有时"等，无不在告诉我们一个永恒的道理：有备无患，防胜于救！特别对于安全而言，对于预防事故而言，这更是一个颠扑不破的真理。

很多安全事故是完全可以不发生或避免的，但是由于没有做好"预防"工作，不注意防范，不注意检查，不注意治理，导致安全隐患从量变到质变，从萌芽到成荫，从小病到大病，直至病入膏肓，无药可救，最终酿成大错，引发事故。

如果提前预防，许多事故都可以避开；及早治疗，许多大病都可以防范。"祸之作，不作于作之日，亦必有所由兆。"只有预防到位，将安全工作重点从"事后处理"转移到"事前预防"和"事中监督"上来，才是堵塞安全生产的"致命漏洞"、防患于未然、遏制安全事故的根本之策。

第一章

制定安全制度，用制度打造事故预防的

『防护网』

做任何事情都必须先立规矩，事故控制更是如此。没有规矩不成方圆，没有制度也就没有安全。用严谨规范的制度约束不安全行为，发现事故征兆，控制事故苗头，才能铸就安全管理的『护身符』，打造事故控制的『防护网』。

⚠ 1. 没有规矩不成方圆，没有制度就没有安全

　　古话说得好："无规矩不成方圆"，因为凡事都必须按照一定的标准和规律来做，才能把它做到最好，就像只有使用"规"和"矩"才能把方和圆画得规整标准一样。

　　"规"和"矩"最初是指木匠用来划线的两种专用工具，也就是至今我们很多行业和工种都还在使用的圆规和直尺。这两种工具现在依然是我们成就方圆的最根本的依凭。没有规矩，就不可能成方圆，做出来的东西就会方不是方，圆不是圆，没有任何用处。

　　安全其实也是如此，也需要规矩，需要规范，这就是我们的安全制度。没有制度就没有安全，严格规范的安全制度就是安全生产的防护网。要想确保企业和员工的安全，就必须要有一个健全可行的规章制度。没有规章制度的安全工作永远都会存在漏洞，结果只能是今天的侥幸与明天的不幸。

　　所谓制度，是为了达到某一目的而需要所有的人共同遵守的一种行为规定，也有可能是从生产中吸取经验和教训，上升为一种共同遵守的准则，或是从长久的行为方式中积存而成的固有的、被所有人承认的规则，并被所有人接受，也会成为制度。

　　有了制度不一定能全面保证安全，但是没有制度或是制度不健全，绝对不能保障安全，这也算得上是一条真理。

　　企业的安全制度不仅是安全管理最重要的基石，也是事故控制必不可

少的前提。没有制度就不可能有安全，没有制度就不可能防事故，没有制度任何抓安全的说法和做法，都像一个笑话。所以建立健全企业安全管理制度十分重要。

企业安全制度，是要求企业员工共同遵守、按一定程序办事的规程、规定和规范，它是企业员工在安全生产中的行为规范和最高准则，绝不允许有一丝一毫的违反。

安全生产管理制度并不是凭空想象出来的，它是在生产作业过程中付出鲜血和生命的代价才换来的经验和教训的精华；是安全生产实践经验的总结，规避危险的智慧结晶；它更是安全的保障和前提。良好的安全制度不仅是违章违纪者的"紧箍咒"，也是事故预防的"护身符"，有了制度，安全管理才有了规矩；有了制度，事故预防才有了可能。

一般来说，企业安全生产制度至少应当包括四个方面的内容：一是安全生产责任体系；二是各项安全管理制度；三是各工种、岗位的安全操作规程；四是事故应急预案。

安全生产责任体系又包括四方面内容：各级领导的安全生产职责、职能部门的安全生产职责、专职机构的安全生产职责、一线工人的安全生产职责。

安全生产管理制度包括安全生产工作例会制度、安全生产的教育和培训制度、安全生产检查及事故隐患的整改制度、设施设备的维护保养和检测制度、危险作业的现场管理制度、劳动防护用品的管理制度、安全生产责任和奖惩制度、安全生产台账的管理制度、应急救援制度、生产安全事故的报告和调查处理制度以及其他保障安全生产的制度。

各工种岗位的安全操作规程，包括企业里每个工种和岗位都要根据本工种和岗位的安全要求，制定和落实安全操作规程。

事故应急预案，是企业应急救援系统的重要组成部分，是针对各种不同的紧急情况制定有效的应急措施准备，不仅可以指导应急人员的日常培训和演习，保证各种应急资源处于良好的备战状态，而且可以指导应急行动按计划有序进行。

不同的企业应当根据企业性质、生产范围和危险源头来分析、研究和制定相应的安全制度。

但如果只有制度，却没有可靠的具有高度安全意识和责任心的员工去执行，那么，再漂亮的制度、管理、流程都形同虚设！所以安全管理制度的关键，不在于制定，而在于执行。

当前许多企业安全制度的建设都算得上比较完善。安全制度多、全、细，对于安全生产的各个方面基本上都涉及到了，各种安全规章制度、操作规程、防范措施、安全教育培训制度、安全管理责任制以及厂规、厂纪等，还有安全生产法律、法规、条例及有关的安全卫生技术标准等，洋洋大观，对于企业抓好安全生产、员工做好安全工作都起到了重要的推动作用。但最关键的还是执行。

⚠ 2. 规范操作规程：打造安全操作的标尺

安全操作规程是为了保证安全生产而制定的，是操作者必须遵守的操作活动规则。它是根据企业的生产性质、机器设备的特点和技术要求，结合具体情况及群众经验制定出的安全操作守则，是企业建立安全制度的基本文件，进行安全教育的重要内容，也是处理伤亡事故的一种依据。

安全操作规程严格规定了各种设备、机器的安全操作方法和技术，是职工开展岗位工作的一个安全标准和安全守则，因而，每一个员工都必须严格按照安全操作规程的规定来按步骤、按技术、按规定准确操作，从而保证操作的安全。

安全操作规程是为保护员工的生命安全和企业财产安全，根据物料性质、工艺流程和设备使用要求而制定的符合安全生产法律法规的操作程序，不同的设备会有不同的操作规程，相同的设备也可能因为使用场合不同，工艺要求不同等因素制定不同的操作规程。

安全操作规程是员工操作机器设备、调整仪器仪表和其他作业过程中，必须遵守的程序和注意事项。设备安全管理规程主要是对设备使用过程中的维修保养、安全检查、安全检测和档案规定等规定，安全技术要求是对设备应处于什么样的技术状态所作的规定，操作过程规定对操作程序、过程安全要求的规定，它是岗位安全操作规程的核心。规定操作过程中该干什么、不该干什么，设施或者环境应该处于什么状态，是员工安全操作的行为规范。设备安全操作一般分为设备安全管理规程、设备安全技术要求和操作过程规程。所以，制定时一定要严谨、规范、细致和标准，这样才能真正为员工打造出安全操作的标尺。

第一步，要做好调研，收集各种相关资料信息。一方面要收集该类设备适应的安全技术标准、安全管理规程规范；设备的使用操作说明书、技术文件；同类设备相关资料；生产经营单位自身的管理制度等资料。另一方面要找出现行的国家相关安全技术标准规范、安全规程、设备的使用说明书；工作原理资料、设计制造资料；曾经出现过的危险、事故案例及与本项操作有关的其他不安全因素以及作业环境条件、工作制度、安全生产责任制等。

第二步，要规划好内容。安全操作规程的内容应该简练、易懂、易记。条目的先后顺序力求与操作顺序一致。安全操作规程一般包括以下几项内容。

（1）操作前的准备规范。包括观察作业天气、采光、地面等情况；如何清理工作现场；机器设备和环境应该处于什么状态，应做哪些调查；准备哪些工具；人员的精神状态、劳动防护用品的穿戴要求，应该和禁止穿戴的防护用品种类，以及如何穿戴；操作的先后顺序、方式；操作过程中机器设备的状态，如手柄、开关所处的位置；操作过程需要进行哪些测试和调整，如何进行；操作人员所处的位置和操作时的规范姿势；操作过程中有哪些必须禁止的行为；一些特殊要求；异常情况如何处理等。主要规定作业环境、设备状态、人员状态三方面的要求。

（2）操作中的规范。主要是规定操作程序、人机交互和异常情况处理。包括工件装卡牢固；自动控制时调整好限位装置，以免超越行程造成事故，设备运转时操作者不得离开工作岗位，注意各部位有无异常，如果出现故障应立即停止操作，及时排除；中断作业应停止设备运行，切断电源；严禁超性能、超负荷使用设备；维修设备应按设备维修程序操作等。

（3）操作完成后的规范。各操作手柄、按钮复位，恢复设备状态；所使用的工具要清点，作业辅助设施及时拆除；设备润滑，场地清理；维修作业要做好设备交接；个人防护用品应在确认作业完成后摘除。

第三步，要规范编写。安全操作规程的格式一般分为"全式"和"简式"两种。行业性规程多为全式，包括总则、引用标准、名词说明、操作安全要求等，适用范围较广。生产经营单位内部制定的安全操作规程多采用"简式"，即规定操作安全要求，着重于针对性和可操作性。为了使操作者更好地掌握、记住操作规程，发生事故时的既定程序处理，也可以将安全操作规程图表化、流程化，一目了然，便于应用。

安全操作规程编写要突出重点，文字力求简练、易懂、易记。条目的先后顺序力求与操作顺序一致，可以用一些形象生动又简洁易记的口诀或禁令，使规程更容易熟记和操作。

第四步，要修改完善。规程编写完成后，应广泛征求相关部门意见，特别是设备管理部门和使用部门，通过反馈，进一步修改完善。

第五步，审批执行。审批执行是严肃安全操作规程的要求，使安全操作规程以生产经营单位内部规范文件形式确立下来。经过有关部门审批，作为企业内部标准严格执行。

当然，随着生产工艺的变化、新设备的使用、新材料和新技术的应用，操作的方式和方法也会发生变化，操作规程也要根据情况的变化及时修订，持续完善和改进，以作为安全操作最规范的标尺。

事故的发生往往是麻痹、疏忽、放纵心态等思想与行为上产生与生产相悖因素造成的。在生产中最重要的是员工的思想出发点，换言之就是是否遵守规程。

企业的安全操作规程经由科学的依据制定而出，它就是安全的依据，制度的中心，规章的基础。安全操作规程的制定和执行，实际上是为职工的操作安全安上了一道护身符，可以有效地保证操作的安全。所以，员工一定要严守操作规程，不违章操作，不乱操作，这样才能真正保障操作安全，不出事故。

配制硫酸溶液是电厂水质检验工的一项日常操作，因此，化验室的员工都特别注意自身防护。配制硫酸溶液时规范穿戴劳动防护用品以及在通风橱内操作，这是"规定动作"。这些"规定动作"就像指南针一样时时提醒、指导、规范员工的操作，促使员工对作业危害进行有效预防。

每天，水质检验工在操作前对自己"全副武装"——仔细检查橡胶手套的严密性，调整防酸口罩的带子和鼻托，将口罩戴好，再打开通风橱的风机，然后才开始配制硫酸溶液。用员工的话说，这叫"磨刀不误砍柴工"。

这些"规定动作"就是员工的操作规范的制度标尺，为预防不规范操作等事故的发生起到了很好的预防效果。与此相反，则是不按照规范操作流程进行违规操作。这种行为不论是给企业还是给自己，都可能带来巨大损失。

某厂电气安装人员在二期单体配电室安装电流变换器，在安装过程中，安装人员未采取任何安全防护措施，也没有遵守相关规定将配电柜内刀闸开关分断。安装人员在更换电流变换器导线时，不小心将一根导线跌落到裸露的母排上，造成母排的局部短路，短路时所产生的电弧致使临近几路电源短路，导致事故进一步扩大，最后将整个119P配电柜烧毁。短路过程中的电弧将现场参与安装的一名技术人员头部、手部大面积烧伤。事故的直接原因正是因为安装人员违反电工安全操作规程，未分断配电柜内刀闸开关，加上操作失误，造成电源短路，导致人身伤害事故。

安全警言里有一句大家都很熟悉并振聋发聩的话："安全规程血写成，不必再用血验证"，相信大家都会有所触动。是的，每一条操作规程都是用血写成的，我们需要做的就是遵照执行，没有理由，没有借口，因为这些安全操作规程，就是安全工作的标尺，已经被无数血淋淋的惨剧印证过了，早就不需要用血来证明和验证了。

⚠ 3. 严格劳动纪律：守纪律才能少事故

劳动纪律是用人单位制定的劳动者在劳动过程中所必须遵守的规章制度。劳动纪律是组织社会劳动的基础，是保证劳动得以正常有序进行的必要条件。

在生产企业中，违反劳动纪律和安全生产规章制度，主要是指工作不负责任，自律意识差，安全意识淡薄，具体表现：上岗上班期间擅自脱岗、睡岗、串岗，班前班上喝酒，在禁止吸烟区域吸烟，在工作时间内从事与本职工作无关的活动，未经批准任意动用非本人操作的设备和车辆，无证违章操作，滥用机电设备或车辆等。

有些员工小看这些行为，认为这些行为不过是小事，与安全生产关系不大，更不会对自己的安全造成大的影响，所以就无所谓，最终养成了不好的习惯。殊不知，违规违纪正是发生重大事故的重要原因，也正是造成重大人身伤害的直接源头。

某化工公司二车间过硫酸钠生产三班值班，当天上班5人，其中李某、陈某为过硫酸钠复分解反应工序操作工（李某为主操作工），反应岗位设在过硫酸钠工序二楼。

当天16时，当班人员李某、陈某、谭某、王某4人进行投料作业，约17时开始加液碱进行反应。全过程由李某负责控制和操作。谭某、王某协助投料及准备下一班原料后，便离开回到各自岗位。据李某自述，反应过程调过2次蒸汽压，反应温度控制在41.3～44.5℃之间，真空度0.094兆帕，但都未在生产记录簿上作记录。李某与陈某轮班吃饭。约在17时35分，李某自述饭后回岗位取牙签和看温度等。约在18时10分，李某去厕所后顺道进化验室（车间中控化验室，距离岗位约50米）取检验报告，进化验室后约5分钟，反应锅发生爆炸，此时为18时45分。并导致在动力车间电工房与过硫酸钠厂房之间的陈某受伤，李某则在化验室被爆炸震落物伤及头部。陈某因伤势过重，于20时12分抢救无效死亡。

造成这起事故的直接原因首先是班组员工违反劳动纪律，擅自脱岗、睡岗。因为车间管理不严，对职工的教育、检查不够而导致。事故发生前，当班主操作工李某因在生产过程上厕所（上厕所路程不足2分钟），顺道到化验室取化验单，离开岗位长达35分钟以上，另一留在岗位的操作工陈某违反制度处于睡岗状态，没有按操作规程规定的控制温度（40～45℃）与真空度进行操作控制，当出现异常情况时（如蒸汽压力升高）没有进行及时处理。二是由于操作工上班时没有按规定把报警器开关复位，使反应锅声光温度报警器处于失效状态，当温度超过 55℃ 时发生副反应，物料开始分解，并放出大量的热，放出的热又促使物料温度上升加速分解，形成恶性循环，分解释放出大量的氧，这些氧气和正常反应产生的氨气混合形成可爆气体（常压下 15.7% ~ 27.4%），温度继续升高导致发生冲料时，由冲料而产生静电引发了吸氨塔爆炸，瞬间波及反应锅发生化学爆炸。

可见，千万别认为"我就走开一会儿"不算什么大事，也千万不要认为"反正没事，我睡一会儿还能养足精神"，在岗一分钟，我们就要保证安全六十秒，在岗就要负责，绝不能把这些当成小事。因为这些看似平常的小事，有时恰恰就是至关重要的那一点，就会导致重大事故的发生，就会造成不可挽回的后果，后悔也来不及。

所以，作为一名员工，不论何时何地做何种工作，责任心一定是第一位的，遵章守纪一定是第一位的，这样不仅是我们做好工作的前提，更是我们岗位安全、生命安全的基本保证。

需要注意的是，违反劳动纪律和安全生产规章制度，不论是否造成事故，都属于违章违纪，都应当予以处罚，如果造成重大伤亡事故，不仅要予以严厉处罚，还要追究刑事责任。所以，在班组的安全管理中，首先要对违章违纪行为进行严格管理，要坚决杜绝上岗上班期间擅自脱岗、睡岗、串岗；班前班上喝酒；无证违章操作等行为。要教育和告诫职工，对违章违纪行为进行处罚的目的，不是与谁为难，而是切切实实为了安全生产、安全作业，为了职工的安全和大家的安全。

违反劳动纪律的行为有很多，主要表现在以下方面。

（1）在禁火区吸烟。

（2）在工作场所、工作时间内聊天、嬉笑、打闹，分散注意力。

（3）在工作时间脱岗、睡岗、串岗、干私活或干与生产无关的事。在工作时间内看书、看报或做与本职工作无关的事。

（4）班前、班中喝酒。酒后进入工作岗位，如酒后作业，酒后开车。

（5）把外来人员带入生产岗位。

（6）非岗位人员任意在危险、要害、动力站（房）区域内逗留。

（7）未经批准，擅自到别的岗位，开动本工种以外设备。

这些行为都是常见的违反劳动纪律的行为，需要严加监督，及时纠正，才能防范事故的发生。对于一些经常发生的、具有典型性和代表性的事故，企业要引导员工总结教训，加强学习，提高防范和排查能力，减少同类事故的发生。

某电厂发生一起司炉工擅离工作岗位，连续违章，然后从5.3米吊装孔坠落身亡的事故。

这天，某电厂锅炉运行二班4号炉司炉工刘某上夜班，23时，刘某戴上安全帽、手套，拿上看火眼镜走出集控室，到4号炉就地看火打焦。23时30分，4号炉值班员走出隔音室去渣口时，发现3号炉右侧磨煤机入口旁的通道躺着一个人，走过去一看，发现是司炉工刘某，其脸、口、鼻有血，旁边有顶安全帽。值班员立即通知当班人员及厂医院医生到现场救护，并联系厂医院救护车送往市医院急救。第二日晚17时左右，刘某病情突然恶化，呈昏睡状，17时45分开始吐白沫、呼吸困难，医生进行抢救，约1小时后停止呼吸死亡。

经事故调查组对现场反复勘察，终于发现刘某是在正处于大修的3号炉5.3米平台吊装孔坠落的，该孔边缘留下刘某被剐掉的手套。这个临时吊装孔的安全警示遮栏、安全围栏齐全，现场照明充足，难以想象刘某是如何掉下去的。因当时事故现场无人，分析推断，认为刘某钻过安全警示遮栏，又跨过安全围栏，在跨越吊装孔时坠落至水泥地面，头未碰地面前安全帽已滑脱。所以，造成这起事故的直接原因：一是擅离岗位。刘某的工作岗位在4号炉，却私自走到不属于自己当班工作范围的3号炉检修现场，违反了岗位责任制有关规定；二是连续违章。刘某先是违章钻过安全警示遮栏，再违章跨过安全围栏，最后违章跨越吊装孔时不慎高空坠落；三是自我保护措施不力。安全帽未扣紧、未系牢，导致坠落时人帽分离，头部未能得到有效保护。

从这起事故的发生过程和原因来看，属于严重违纪事故。在企业生产过程中，生产人员或者值班人员，尤其是重要的关键岗位当班人员，必须忠于职守，坚守岗位，密切监视设备运行情况，发现问题及时处理，不能擅自脱岗，因为任何疏忽大意都有可能造成严重的人员伤亡和财产损失。从此类事故应吸取的一个重要教训，就是当班人员不得玩忽职守，擅自脱离工作岗位，这种行为实际上就是擅离职守、不负责任，就是失职与渎职，不论是否发生事故，对于擅自脱岗人员都应该予以严厉处罚。

安全大于天，一定要严格遵守劳动纪律，才能避免出现事故，不然，一点点放松就会出大事故，就会闯大祸。到时候，后悔可就来不及了。

不安全因素总是藏在我们工作中最容易疏忽的灰色地带，在不经意或者一刹那之中，对劳动纪律的漫不经心就会造成极大的危害，只有端正的工作态度，优良的工作作风，严明的工作纪律才能为安全生产保驾护航。所以，每一个员工都自觉遵守劳动纪律，才是保证安全、预防事故发生的重要前提。

⚠ 4. 强化岗位责任制度：守住岗位安全

岗位安全是员工日常安全中最重要的内容，这是员工的工作，也是员工的职责，更是员工赖以生存的前提，保证了岗位安全也就保证了员工的工作安全，这是安全生产的核心内容。

要保证岗位安全，最重要的就是要遵章守纪，严格落实岗位安全责任制度，按照岗位安全规程办事，做到不违章作业，也不违章指挥，更不违反劳动纪律，坚守岗位职责，尽心尽力做好岗位工作。

岗位安全责任制，就是对企业中所有岗位都明确地规定在安全工作中的具体任务、责任和权利，以便使安全工作事事有人管、人人有专责、办事有标准、工作有检查，职责明确、功过分明，从而把与安全生产有关的各项工作同全体职工联结、协调起来，形成一个严密的、高效的安全管理责任系统。

企业岗位安全责任制度体系包括以下内容。

（1）人员岗位安全责任制

①企业安全生产第一责任人岗位安全责任

包括直接负责的安全管理工作；认真贯彻执行各项安全生产法律、法规和安全标准；建立健全安全管理责任制，包括单位领导职责、各部门领导职责、班组长职责和员工岗位职责；根据公司的具体情况建立健全安全管理制度和安全操作规程；根据公司安全生产情况，组织开展安全技术研究工作，推广先进的安全技术管理方法，审核重大灾害事故的预防和处理方案、事故应急处理预案；建立健全安全管理组织机构，配备公司安全管理专业人员，提高安全管理人员的专业素质；主持召开企业安全管理专题会议，及时通报公司安全生产工作情况，有关生产的重大问题；组织开展安全生产大检查，督促公司员工报告安全生产法规，整改事故隐患和不断改善安全条件；发生重大事故时，及时组织抢险，并参与事故的调查处理工作，及时向上级有关部门报告。

②安全生产直接责任人岗位安全责任

包括协助第一安全责任人贯彻执行各项安全生产法律、法规、标准和制度；按谁主管谁负责原则，对分管业务范围内的安全工作负责，监督、检查分管部门安全工作各项规章制度执行情况，及时纠正下属失职和违章行为；认真做好安全工作"五同时"（即在计划、布置、检查、总结、评比生产的时候，同时计划、布置、检查、总结、评比安全工作）；组织制订、修订、审定分管部门安全规章制度、安全技术操作规程、安全技术措施计划，并认真组织实施；组织分管部门的安全大检查，落实重大事故隐患的整改，负责动火审批报告；负责分管部门的安全教育考核工作；组织对分管部门事故的调查、处理，并及时向第一安全负责人报告。

③安全主任岗位安全责任

包括负责公司的安全技术管理工作，贯彻各项安全生产法律、法规、标准、制度以及安全工作的指示和规定；对各车间安全员、各部门班组安全员进行安全技术指导；参与制订、修订企业有关安全生产管理制度和技术操作规程，并检查执行情况；协助各级领导做好职工的安全教育工作，负责组织对全体员工、新进员工、变换岗位员工和班组长的教育，检查、督促班组岗位安全教育，建立安全教育档案；负责安排并检查公司各部门活动，负责公司安全设备、灭火器材、防护器材、急救器具的管理，并使处于完整好用状态；每天深入现场检查，及时发现隐患，制止违章作业，检查厂房、仓库有无火灾隐患，物品堆放是否符合消防要求，各出入口是否畅通，是否符合紧急情况下疏散人员的安全要求；组织并参加企业安全生产大检查，对查出的隐患进行分类、汇总并督促有关单位进行整改；主持日常安全教育工作、定期开展安全竞赛评比活动，开展安全周活动，使安全生产深入人心，推选生产责任制；按照"三不放过"的原则（事故原因分析不清不放过，事故责任者和群众没有受到教育不放过，没有防范措施不放过）；参加企业安全事故的调查处理，做好统计分析，按时上报；健全、完善安全管理基础资料，做到实用、齐全、规范化；按照企业制定的应急救援预案，定期组织演练，不断地总结经验。

④生产部安全员岗位安全责任

包括生产部安全员在第二安全责任人的直接领导下开展工作；贯彻有关安全生产法律、法规、制度和标准，并检查执行情况；参与制订、修订车间安全技术规程和有关安全生产管理制度，并监督、检查执行情况；协助第二安全责任人编制安全技术措施计划和方案并督促实施；制订车间安全活动计划，并检查执行情况；班组安全员进行业务指导，协助第二安全责任人搞好职工教育和考核工作；参与车间新建、改建、扩建工程设计和设备改造以及工艺条件变动方案的审查工作；深入现场进行检查，制止违章指挥和违章作业；发现隐患及时整改，作好记录。对于车间无力整改的隐患，要采取有效的防范措施，并向第二安全责任人和上级有关部门报告；负责车间安全技术设施、安全装置、防护设施、消防器材的巡回检查和管理工作，使其处于完好状态；负责伤亡事故的统计上报，参与事故调查和分析；保证工作现场的信道畅通，随时注意机械设备的动作情况，安全防护装置是否完好，员工的安全防护用品有无正确使用与佩戴。

⑤班组安全员岗位责任

包括协助班组长开展各项安全活动，提出改进安全工作的建议；组织班组员工学习，贯彻执行企业有关安全生产的规章制度；对新进员工进行岗位安全教育；班前讲安全要求，班中检查安全，班后总结安全；检查、督促班组员工遵守各项安全管理规章、制度，认真巡回检查，制止员工违章作业；负责班组防护器具、安全装置和消防器材的日常管理工作，使其处于完好状态；监督、检查班组人员正确使用防护用品、器具和消防器材；发现隐患，及时整改，做好记录，对于班组无力整改的隐患，要采取有效防范措施，并向班组长报告；发生事故时，要立即组织抢救伤员，保护现场，报告领导。

⑥员工岗位职责

包括严格遵守各项安全生产规章、制度和安全技术操作规程，努力完成本职工作；熟悉并掌握企业生产的各种危险因素、危险隐患、事故的应急处理办法、自救方法；认真执行交接班制度，下班前认真检查，核对下班前的注意事项，向接班人交代安全注意事项；接班前必须认真检查本岗位的设备和安全设施是否完好；杜绝违章操作，严格执行工艺规程和安全技术操作规程；本岗位的工作记录要清晰、真实、完整；按时巡回检查、准确分析、判断和处理生产过程中的异常情况；认真维护保养设备，发现故障，及时消除；正确使用，妥善保管各种防护用品、器具、器材和消防器材；杜绝违章作业，并劝阻或制止他人违章作业；对违章指挥，有权拒绝执行并向领导报告；发现隐患或其他不安全因素应及时报告；对本单位和企业的安全生产工作提出建议。

（2）部门安全职责

①安全技术部门安全职责

包括贯彻、执行安全生产法律、法规、制度和标准，协助第一安全责任人组织、推动本企业管理工作；组织制订、修订、审查安全技术规程、安全鉴定及劳动防护安全用品标准，并监督执行；严格按标准检验原材料及产品，并做好记录，出具相关检验报告，完善质量台账；协助、指导生产部解决生产中出现的技术问题，提出改进，稳定产品质量的措施并负责跟踪；收集、整理、保管好公司各种技术资料，防止损坏、遗失；经常进行现场安全检查，指导班组安全工作，发现违章，及时制止；指导企业各单位的安全工作，协助各单位编制各岗位安全操作规程；负责对特种设备监察工作，参加安全装置的校验、监督，并作好档案记录。

②生产技术部门安全职责

包括对企业各车间的生产工艺中的安全技术工作全面负责；编制、修订工艺技术指针、工艺操作规程，必须符合安全生产要求；对工艺技术指针和工艺操作规程执行情况进行检查、监督和考核；参与安全技术操作规程的修订；负责在生产技术革新、厂房、设备改造和新产品开发的同时，提出保证安全生产的技术措施；提供企业产品生产原料、产品和中间产品的理化性质和安全防护方法；负责因工艺和工艺操作原因引起的事故的调查、分析、统计、上报，并制订防范措施；负责定期组织工艺技术方面的专项安全检查，发现隐患，制订整改方案，报总工程师审批后实施；遇到生产中的异常情况，应及时处理，危险紧急情况，先处理，后报告，严禁违章指挥。

③设备和动力部门安全职责

包括负责对公司的机械、动力、化工设备、仪表、管道、通风排风设施、生产性建筑物以及防雷、防静电装置的安全管理；负责组织对化工设备、消防安全装置的维护、定期检测、检验、校验工作；制订或审定有关设备采购计划、设备改造方案；组织编制设备以及动力装置的大、中修项目的安全措施计划和安全讯息工期方案，确保大、中修工程的安全和质量；负责对设备、动力事故的调查、分析、统计、上报，参加有关设备、动力重大事故的处理。

④消防部门安全职责

包括负责公司内的易燃易爆危险品安全管理、消防设施管理；根据公司的生产经营特点制定消防工作计划；经常进行防火宣传教育，负责对义务消防人员培训教育，定期组织有关人员进行防火检查和火灾应急救援演习；编制、修订公司的消防管理制度，并监督执行；参加建筑设计防火的审核、验收工作；负责消防设施、消防器材的购置计划、配备、检查、维护和管理；事故发生时，组织消防人员扑灭火灾，负责对火灾事故的调查、处理、统计和上报工作；岗位安全责任制可以使企业的各项安全工作程序化、条理化；使安全管理有基准，安全考核有标准，安全奖惩有依据；使各车间、班组、岗位成员都明确自己的安全任务、明白自己的安全职责，从而使安全生产处于完善的、严格的互相促进、互相制约之中，使大家齐心协力共操安全心、共保安全岗，进而达到岗位安全，为整个企业安全打下扎实的坚实的基础。

总之，岗位安全责任制最直接地体现了企业安全生产全员、全面、全过程、全天候的管理要求，也是每一个岗位员工明确自己的安全任务、负起自己的安全职责的重要前提。如果每一位员工真正从意识上、思想上、行动上都把安全放在第一位，踏踏实实按照一岗一责制的规定，严格执行操作规程和劳动纪律，自觉消除头脑中的马虎思想，有利于安全生产的事多做，不利于安全生产的事坚决不做，真正做到在岗一分钟，保证安全六十秒，忠于职守，杜绝违章操作、违反劳动纪律的现象发生，做到"在岗一分钟，安全六十秒"，就必然能把事故减少，把安全提高。

⚠ 5. 问责制度：串起坚实的安全责任链

安全问责制度，简单地说，就是安全责任追究制度，即谁出了安全问题谁负责任的制度。不管是什么岗位、什么工作、什么职责，安全就是责任，你的岗位就是你的责任，你的岗位安全就应当你负责任。不管出不出事故，这都是你的责任。问责制度不仅对各个岗位的安全任务和责任有明确的规定，而且对于每一个岗位发生安全事故后，应当负什么样的责任，承担什么样的后果，有明确具体的规定。这样才能保证永远不出现"事故之前无人负责，事故之后无人担责"的情况，真正使安全从始至终都有完整的责任链，真正把安全落到实处。

安全问责制度，是减少安全事故、打造安全责任链的重要措施之一，是指对安全生产责任人及问责对象，在其所管辖的部门或工作职责范围内，由于未严格履行安全生产职责，不严格贯彻、落实国家相关安全生产的各项法律法规及公司安全生产的各项规章、制度，以至于发生事故，造成人员、财产损失，造成严重后果和不良影响的行为，进行两种界定并进行相应的责任追究和处罚制度。

这样的制度对于安全管理的保障作用是显而易见的。追责问责、当罚则罚，则安全处处有人管，而且措施得力、效果惊人。如果没有问责机制，或是问责不严，管不管一个样，抓不抓都不罚，出了事故也没关系，但安全怎么可能有保障？事故怎么可能控制住？

只有问责机制完善，问责措施到位，严格做到有责必问，有问必严，细查细究，不仅追究事后责任，还要追究事前责任，事中责任，安全形势才会越来越好。

某公司梳毛机生产线带班赵某上班期间，在梳毛机操作作业时手臂被梳毛机辊轮卷入导致受伤，后经送医院抢救无效于当晚死亡。而当时作为针织整理有限公司厂长的林某，负责公司日常生产经营活动，却未履行安全生产管理职责，疏于安全生产管理工作，未及时发现并消除梳毛机出布口辊轮处防护栏缺失的事故隐患，未按规定为职工发放符合要求的劳动防护用品，对职工安全教育培训不到位，导致事故的发生。最终赵某被追责，被司法机关立案调查。

经调查发现，林某作为直接负责安全的主管人员，未能履行安全管理责任，导致发生致1人死亡的重大事故，其行为触犯了《中华人民共和国刑法》第一百三十五条之规定，应当以重大劳动安全事故罪追究其刑事责任。最终林某因犯重大劳动安全事故罪，被判处有期徒刑一年。

这几年安全形势大有好转，不能不说与我国日渐完善和更为严厉的安全问责制度密切相关。

安全问责制度，说白了，就是压紧压实安全责任的一种手段，就是打造坚实牢固的安全责任链的一种重要的措施。安全责任不是安全员的责任，也不是厂长主管的责任，而是企业所有人的责任，涉及每一个岗位每一个人，而且环环相扣，节节相连。只有每一个岗位都明确安全职责、明晰安全责任，每个部门、每个岗位、每个员工都有章可循，有法可依，知道自己"该怎么干，干到什么程度"，担起自己的责任，并严格追责，不仅要事后问责，更要事前问责、事中问责，根据各岗位的安全职能，进行职责履行中的检查、考核、问责，只要没有尽到岗位职责，即使没有造成后果，也要追究责任，从而串起企业安全的责任链，消灭企业事故，保障企业安全。

2020年5月，某垃圾库发生一起中毒窒息事故，造成3人死亡，2人受伤，直接经济损失约360万元，是一起违章冒险作业、盲目施救而导致的较大生产安全责任事故。

事故发生时，施工人员未佩戴满足安全需要的防护用具，未经批准违章冒险进入含有硫化氢等有毒有害气体的垃圾库内作业，吸入硫化氢等有毒气体，造成1人死亡。在未做好自身安全防护，佩戴必要的防护用具的情况下，盲目施救又造成2人死亡、2人受伤，导致事故扩大。事故发生之前，而当地城管履行日常安全监管职责不到位，督促企业开展隐患排查治理和风险防控工作不力，未及时发现事故单位中存在的安全隐患并督促及时消除。所在乡政府则在日常隐患排查治理和风险防控工作没有尽到职责，未及时发现事故单位存在的安全隐患并及时上报处理。通过问责制度，所有相关责任人都受到了相应的处罚。

安全，是一个系统性的工程，需要各单位各部门通力合作，更需要涉及到的每一个责任人都认真负责，把自己的责任落到实处，才能真正串起完整的安全责任链，不让任何环节出现任何问题。

那么，企业如何才能把安全责任链落实到岗位、落实到人头？使之环环相扣，不出纰漏呢？

首先，要细化责任，将各个岗位的责任说得明明白白、分得清清楚楚，做到个个不少、环环相扣。

其次，要加强检查，及时查找问题、堵住漏洞。落实责任，最忌有令不行、时紧时松，要一刻不能断、时时绷紧弦。责任松一松，隐患就会"长一长"，事故可能到眼前"晃一晃"，就会有人掉链子、钻漏洞。只有人人清楚责任、人人担起责任、人人守住责任，事故才能真正不敢现身。

再次，要有责必问，有问必严，绝不能轻打轻放、不痛不痒。"施无法之赏，悬无政之令"，是最不利于管理的。只有问责问到根本、打到痛处、击中要害，责任人才能以此为鉴、杜绝再犯。

问责制度，实际上就是把安全责任链打造得更牢固更坚实的一种手段。问责的目的就是使每一个人都担起自己的责任，形成责任体系，打造环环相扣的"责任链"，为安全生产筑牢坚实的防线。

只有严格的问责制度，才能真正把安全责任从纸上落实到行动上，使安全的每一个环节都落实到位，责任明确，从而真正杜绝事故，保证安全。

⚠ 6. 加强安全监管制度：严格监管才能堵住事故之门

安全是人的第一需要，人的活动只有遵循了安全方面的客观规律，安全才有保障，背离了安全方面的规律，就要受到安全事故的惩罚。但由于所有的工作都是由人来做的，个人行为的随意性和盲目性，常常是导致各种事故的重要诱因。人就其本质而言是追求自由的动物，在缺乏约束的条件下，人的自律与自制性大为降低。特别是在失去监督时，个人行为的随意性和盲目性会得到进一步的放任，违规、违章、违纪的概率更大，更易犯错误，更易导致事故的发生。所以，只有制定严格的监管制度，才能有效地降低个人行为的随意性，做到遵章守制，才能堵住事故之门。否则，只会尝尽事故的苦果。

某厂三车间召开车间会议，安排当天工作，大约8时30分会议结束。此时，运来一车不锈钢板，汽车进入三车间后，因下货处距汽车20米，需用行车起吊。当时，行车操作工王某操作行车，贺某负责指挥，赵某在汽车东边挂钩，伊某在西边挂钩。当时贺某站在汽车东边，周某当时在闪蒸器南边打扫卫生。大约8时40分左右，第三次起吊钢板。当钢板吊起离开汽车后，距地面大约2.5米左右，横向西2米左右，起吊钢板快接近切割转台时，王某发现不锈钢板南北上下出现晃动，此时吊车未停。大约9时左右，贺某发现有人在闪蒸器北边站立（危险区），立即向王某打手势，并大声呼喊。王某看见贺某用手挥动，意识到有危险，于是立即紧急停车。此时钢板脱离吊钩，由南向下坠落，刹时，车间尘土飞扬。在场的贺某、赵某等人已意识到出事了。当他们赶到出事地点时，发现周某仰躺在闪蒸器下面。贺某、赵某等人赶紧找车将周某送往医院，但终因抢救无效，于11时左右死亡。

　　事故中周某出现在不正确的位置以及钢板的意外脱落，都是造成这起悲剧的原因。如果当时该企业有完善的安全监管制度，工作区不允许其他人进入、起吊工具定期检查等，这起悲剧就能避免。

　　有效的监督可以纠正个人行为的盲目性和随意性，减少或避免犯错误。如果将决策权、执行权和监督权集于一人之身，权利的行使便处于不可控状态。在安全生产工作中，抓好对各级人员的有效监督，可以纠正个人行为的盲目性和随意性，使其顺从客观规律的要求，可有效减少或避免安全生产事故的发生。所以，安全管理一定要注重建立安全监管制度，以严格的安全监管堵住事故的大门。建立安全监管制度可从以下几点着手。

　　一要建立和完善各级人员的安全生产责任制，尤其是生产一线的负责人不能失去有效监督。在计划、布置、安排生产工作的同时，要计划、布置、安排好安全监督工作，工作现场要有专门负责安全监督的管理人员。工作负责人要对工作班成员的工作全过程进行监督，及时纠正不安全行为。

专门负责安全监督的管理人员，除了对工作班成员的行为进行监督外，主要监督工作负责人是否严格履行其安全职责，防止"三违"行为的发生。

二要严格执行工作票操作票制度。人人都要强化自我保护意识，牢固树立起"无票不工作，无票不能指挥别人从事相关工作，无票可以拒绝工作"的意识。

三要重点抓好以下几个环节。

①对工作严格执行"三措"。相关单位及部室对工作的组织措施、技术措施、安全措施要严格把关审查签字，实行逐级审批制度，做好工作前的准备工作，从总体和宏观上确保安全。

②工作过程中，开好班前会、班后会及危险点分析预控工作。班前会详细交代工作任务、地点、带电部位、安全措施、注意事项。工作过程中找准危险点并做好预防控制工作，做到"想好了再干"，避免盲目蛮干行为。班后会做好总结，针对存在的问题提出防范措施，并抓好落实工作。

③相互提醒、相互监督共同担负起安全责任。强化"安全生产人人有责"的安全责任意识，切忌有章不循、掉以轻心和纪律松懈，在平时的工作中要注重养成和培养自觉遵章守规的工作习惯。克服少数员工安全工作中存在侥幸、盲从、取巧、逞能等不良心理，切实做到思想到位，责任到位，工作到位，制度落实到位。

只有安全监管才能堵住事故之门。切实把防护这根"弦"绷紧，认真地做好事故的防护工作，这是事关企业全面建设的大事，必须端正指导思想，积极预防，突出重点，务必抓紧、抓细、抓好、抓实，才能保持企业的稳定，避免各种因监管不力造成惨重损失。

⚠ 7. 制度在于落实：制度不能落实安全就会成空

制度是一种行为规范，严格执行制度是工作正常有序开展的保障。制度的关键在于落实。没有落实，再好的制度也难以贯彻，再好的文件也是一纸空文，再理想的目标也难以实现。

古语有云："天下之事，不难于立法，而难于法之必行；不难于听言，而难于言之必效。"制定制度、定出规范，并不难，难的在于落实，在于是不是不折不扣地做到了。

有些企业制度订了成百上千条，走廊的墙上、办公室里到处都挂着各项规章制度，但真正在工作中坚持执行下去的却没几条，大多数只停留在书面上，落实不到行动上。企业的安全、员工的生命、一切的保障，都不过是挂在墙上的标语，写在墙上的安全，这怎么免除得了事故的发生呢？

某化工厂癸二酸车间两台正在运行的蓖麻油水解釜突然发生爆炸，设备完全炸毁，癸三酸车间厂房东侧被炸倒塌，距该车间北侧6米多远的动力站房东侧也被炸毁倒塌，与癸二酸车间厂房东侧相隔18米的新建药用甘油车间西墙被震裂，玻璃全部被震碎，钢窗大部分损坏，个别墙体被飞出物击穿，癸二酸车间因爆炸局部着火。现场及动力站、药用甘油车间当即死亡5人，另有1人在送往医院途中死亡，1人在医院抢救中死亡；厂外距离爆炸点西183米处，1老人在路旁休息，被爆炸后飞出的重40公斤的水解釜残片拦腰击中身亡。这次事故共死亡8人，重伤4人，轻伤13人，直接经济损失 36 万余元。事故原因是没有严格执行安全制度。

某煤矿发生特大爆炸事故，造成 171 人死亡，48 人受伤，直接经济损失 4293.1 万元，经国务院事故调查组认定为煤尘爆炸事故，属责任事故。事故发生的直接原因：违规放炮处理主煤仓堵塞，导致煤仓给煤机垮落，煤仓内的煤炭突然倾出，带出大量煤尘并造成巷道内的积尘飞扬达到爆炸界限，放炮火焰引起煤尘爆炸。长期违规放炮处理煤仓堵塞，特殊工种作业人员无证上岗现象严重，没有认真执行人员升、入井记录和检查等安全制度也是重要的原因。

这两起重大责任事故都有一个醒目的共同点——没有严格执行安全制度。其实仔细分析许多重大安全事故的发生，并不是由于少法律、缺规章、无制度，而是少措施、缺管理、无落实、不执行的原因所致。不是吗？不少单位和企业，把安全制度当"装饰品"贴在墙上，把安全规章做"框框"挂在墙上，目的不是为了对照执行，预防事故，而是为了应付检查，搞形式主义，做表面文章。安全工作说起来重要，用起来次要，干起来不要，出了事故后又觉得必要；对安全规章，说起来是那么一回事，忙起来又忘了那么一回事，出了事又想起那么一回事。规章制度不狠抓贯彻落实，不认真执行，不出事故才怪。

谁都知道，安全规章制度的制定最根本的目的是为了规范和约束人的行为，减少和避免事故的发生。制度不仅要人看，而且要人记，更要人去做。内容再好的规章制度，不去认真贯彻、不去认真落实，只能是纸上谈兵，形同虚设。不要以为把规章制度写在纸上、挂在墙上、喊在嘴上就可万事大吉，就可高枕无忧"太平无事"了，而应该把它从纸上、墙上"请"下来，"贴"在每个人的心上，"走"进每个人的生活中，"写"在每个人的行动上。因为有制度不执行，与没有制度没有任何区别。

优秀的制度在于优秀地执行，没有执行，再好的制度也不过是一张废纸。而且有制度不执行或不严格执行，产生的后果往往比没有制度还要坏。如果广大员工看到制度只是挂在墙上、写在纸上而得不到有效落实，那墙上挂得再多又有什么意义？所以，制度要强化而不是"墙化"。只有每一个员工都扎扎实实地落实了，认认真真地执行了，制度才有了意义，行动才有了活力，安全才有了保障，事故才得以控制。

第二章

负起安全责任，用高度的责任心筑起事故预防的『防波堤』

安全在于责任，责任保证安全。责任至高无上，责任重于泰山。责任是安全管理的前提，是事故控制的基础，负起责任就能保证安全，推卸责任等于放弃安全，只有每一个人都树立起高度的责任心，才能筑起事故预防的『防波堤』。

⚠ 1. 安全就是责任，责任决定安危

安全系于责任，责任保证安全。安全说到底，就是一个责任心的问题。负起责任，安全就有了保障；不负责任，也就放弃了安全。

不管在什么企业、什么岗位、什么工作中，只有那些敢于负责、把责任放在至高无上地位的人，才会拥有真正的安全。而一旦放松责任，不把责任当一回事，事故也就难以避免。

某商厦发生特大火灾事故，造成 40 多人死亡，7 人受伤，直接经济损失 275 万元。

该商厦 6 层建筑，地上 4 层、地下 2 层，东北、西北、东南、西南角共有 4 部楼梯。

商厦分店在装修时已经将地下一层大厅中间通往地下二层的楼梯通道用钢板焊封，但在楼梯两侧扶手穿过钢板处留有两个小方孔。为封闭两个小方孔，分店负责人王某指使该店员工王某和宋某、丁某将一小型电焊机从东都商厦四层抬到地下一层大厅，并安排王某（无焊工资质证）进行电焊作业，未作任何安全防护方面的交代。王某施焊中也没有采取任何防护措施，电焊火花从方孔溅入地下二层可燃物上，引燃地下二层的绒布、海绵床垫、沙发和木制家具等可燃物品。王某等人发现后，用室内消火栓的水枪从方孔向地下二层射水灭火，在不能扑灭的情况下，既未报警也没有通知楼上人员便逃离现场，还订立攻守同盟。正在商厦办公的总经理李某

以及为开业准备商品的分店员工见势迅速撤离，也未及时报警和通知四层娱乐城人员逃生。随后，火势迅速蔓延，产生大量的一氧化碳、二氧化碳、含氰化合物等有毒烟雾，顺着东北、西北角楼梯间向上蔓延（地下二层大厅东南角楼梯间的门关闭，西南、东北、西北角楼梯间为铁栅栏门，着火后，西南角的铁栅栏门进风，东北、西北角的铁栅栏门过烟不过人）。由于地下一层至三层东北、西北角楼梯与商场采用防火门、防火墙分隔，楼梯间形成烟囱效应，大量有毒高温烟雾通过楼梯间迅速扩散到四层娱乐城。着火后，东北角的楼梯被烟雾封堵，其余的3部楼梯被上锁的铁栅栏堵住，人员无法通行，仅有少数人员逃到靠外墙的窗户处获救，其余40多人中毒窒息死亡。

这起震惊全国的特大火灾事故原因查明，是由于商厦分店违法筹建及施工，施焊人员违章作业，商厦长期存在重大火灾隐患拒不整改，消防通道被封，娱乐城无照经营、超员纳客，政府有关部门监督管理不力而导致的一起重大责任事故。

如果这起事故的各方都负起了应负的责任，不违章，不隐瞒，及时救火，及时疏散，不堵塞消防通道，监督管理都能做到位，这样惨烈的事故应该可以避免吧？至少也不至于这样触目惊心、惨绝人寰。

责任心是保护生命的前提。如果人人都拿出十分的责任心，这场灾难或许就会避免，40多个生命也不会就此殒灭。

安全系于责任，责任重于泰山。有责任，不等于说就尽到了责任。不少事故、灾祸、悲剧的产生，并非天灾，而是人祸。人祸往往是因人的责任的丧失而引发的。

控制事故，责任至高无上。它承载着人民生命的安危，承载着生命的重量。只有每个人都承担起自己应当承担的责任，才可以避免类似惨剧的发生。

⚠ 2. 负起责任才能杜绝事故

任何时候，任何地方，或是任何环境下，责任永远是做好工作的首要前提，防范事故、保障安全更是如此。

中央电视台曾报道，一个普通不过的员工裴永红成为网上最受人尊敬的英雄，因为他对自己岗位的高度负责，避免了一起不敢想象后果的严重事故。虽然他因此丢掉了一条手臂，但他却因为负起了自己该负的责任而毫不后悔，被网民们亲切地称为"断臂哥"。

"断臂哥"裴永红是湖南大唐电厂和中国石油一座大型油库铁路专用线上的"运行连接员"。这两家企业每天都需要从干线铁路调入大量电煤和成品油，重载列车通过一条铁路专用线进入相关厂区。油库内有几座巨型储油铁罐。储油铁罐附近，还有4座小山般的大型火力发电机组。而这个地点是湖南人口密集、工商业经济高度发达的城市群能源中心之一。虽然只是个小小的运行连接员，但裴永红的安全责任重大。

这天，一列油罐车驶入铁路专用场站，需要从8号车道改由6号车道"倒车"进入油库。裴永红在此时已经变成车头的第38节车厢上的"二钩"，即充当火车的一只"眼睛"，观察运行状况，为火车司机"导航"。但在缓缓行驶的列车逐渐接近目标点时，裴永红突然从车上掉了下来。

据裴永红事后描述，他的手持对讲机突然失去信号，恰好此时机车紧靠工班值班室，他跳车想尽快去换台对讲机与货车司机保持联络。不料，当时雨天地滑，身穿雨衣的裴永红落地时脚下一滑，臀部着地，身子向后一仰，巨大的火车车轮将他不慎伸进铁轨的右臂，从肩膀以下20厘米左右处齐齐压断。

眼睁睁看着右臂与身体分离、鲜血喷溅，裴永红仍然做出了令人难以想象的举动：他使劲压住动脉血管竭力止血，快速冲进值班室换了一台对讲机，叫停油罐列车。列车正副驾驶、信号塔台等工作岗位，都听到了对讲机里传来的裴永红声音嘶哑的呼叫。如果不能及时停车，任由列车向前行驶，很有可能撞上6号车道行驶过来的列车，发生重大事故。

虽然场站的信号灯、信号塔台和列车司机正副驾驶、其他运行连接员都能为列车运行位置把关，但裴永红关键时刻表现出来的超人勇气、忍耐力和高度的责任心，让每一个人都感到非常震撼！在铁路专用场站里，记者采访到的每一个人都敬佩裴永红。直到看到列车停稳，裴永红才松开对讲机。

躺在病床上的裴永红，右臂终身残疾，稍微动一动都会引发剧痛，但他却没有丝毫的后悔。"压断了手我疼啊，但油罐车还在走，不停下来会出大问题，我必须尽到自己的责任。"

这就是责任的意义！任何时候，都要以责任为重，以责任为先，把责任放在心上，握在手上，时时刻刻对自己的行为负责，对自己的岗位负责，对自己的工作负责，那么，事故就可以避免，安全就可以保障。

⚠ 3. 不负责任就会酿成事故

放弃自己的责任，也就等于放弃了安全。

一个刚出生3天的婴儿，因病危被送进某县妇幼保健院监护室的暖箱（塑料制品）中实行特别看护。当晚8时左右，医院突然停电，为了便于观察，当时值班护士就在暖箱的塑料边上粘上两根蜡烛。当天晚上10时50分，护士张某接班后，见蜡烛快烧完了，就在原位置上又续上一根新蜡烛。第二天凌晨5时左右，张某在未告诉任何人的情况下，将婴儿一人独自留下去打电话，当她返回后，发现蜡烛已经引燃了暖箱，婴儿因为窒息而死亡。

就因为护士不负责任擅离职守，导致一起严重的医疗事故，致使一个新生命消失，这样的悲剧多么令人伤心！

不负责任就会酿成事故，不仅仅是医疗事故，也不仅仅是一个生命的消失，还极有可能是重大事故，令无数个生命消失！

某冷藏贸易有限公司所属的30号冷库房内发生货架坍塌事故，正在库房进行蒜薹分捡的34名民工被压在蒜薹和货架下，其中15人死亡。

后经有关部门调查认定，这是一起特大责任事故。造成该事故的直接原因是金属制品有限公司在没有生产高位仓储式货架资质的情况下，违规生产，货架存在整体稳定性差、承载能力不足等严重的质量问题。冷藏公司在未对金属制品有限公司资质进行确认的情况下，盲目购买和使用无合格证的货架，并对供货方提供的产品质量缺乏监督。他们为自己的不负责任承担了应有的法律责任，可是，那15个鲜活的生命呢？

漠视责任，忽视责任，带来的，就是生命的消失！玩忽职守，缺乏责任感，不仅会给别人、给企业、给社会带来危害，给自己也会带来不可挽回的严重后果。

张某是中医医师，个人在职业专科学校合法开设门诊，为患者诊断治病并配售中药。某天，袁某因牙痛来门诊就医。张某给袁某诊断后便开了中药清胃散二副。没想到之前张某马虎大意错将有毒的草乌装入玄参的药斗内，在配药时将草乌当作玄参配给了袁某。袁某将其中一副中药泡服后，即出现严重中毒症状。经医院抢救无效，于当日下午5时40分死亡。事发后，张某主动查找袁某中毒死亡的原因系其配错中药，并去当地公安机关投案自首。张某不得不为自己的不负责任承担法律后果。

所以，无论在任何岗位上，都一定要负起自己应有的责任。

⚠ 4. 只有强烈的责任心才是事故的避风港

数不胜数的事例向我们反复证明着一个事实：责任带来安全。因为责任关系到安危，关系到成败，关系到存亡，关系到生死……如果没有了责任，这世上的任何东西也就没有了保障。

每天，我们眼中看到社会按部就班，人们有条不紊，秩序井然，一片祥和，就像日升日落一样自然，但这一切建立在每一个人都坚守自己的责任之上，每一个人都尽职尽责地站好了自己的那一班岗。如果不负责任，没有站好自己的那一班岗，结果就无法想象。

曾经震惊全国的某个钻井爆炸事故，就是责任缺失引发的灾难。当时钻井在起钻时，突然发生井喷，富含硫化氢的气体从钻井喷出30多米高，失控的有毒气体随空气迅速扩散，导致在短时间内发生了大面积的灾害。井喷事故波及28个村庄，其中最严重的是两个村。山区道路崎岖、泥泞，当时通讯也比较落后。事故发生后，有些村民来不及逃离就被毒气夺去了生命，有些倒在了逃离的路途上。

经过相关部门调查，事故是由多个原因共同导致的。

钻井现场技术服务组在监测钻井作业时，地面监测仪突然接收不到安装在井下的测斜仪发出的信号。身为钻井现场技术服务组负责人的王某在重新制定钻具组合时，违章决定卸下原钻具组合中的回压阀防井喷装置。宋某身为钻井队负责安全防护的人员，明知王某的决定违反规定却没有表示异议，并且按照王某的决定，指令他人填写了作业计划书，并宣布了卸下回压阀的指令。

司钻向某在带领工人进行起钻作业时，违反"每起出3柱钻杆必须灌满钻井液"的规定，每起出6柱钻杆才灌注一次钻井液，致使井下液柱压力下降。检察机关调查后认为，这是产生溢流并导致井喷的主要因素之一。身为录井员的肖某，负有监测起钻柱数和钻井液灌入量的职责，因工作疏忽，不正确履行职责，未能及时发现这一严重违章行为，在发现后也没有立即报告当班司钻，致使事故隐患未能得到及时排除。

对卸下回压阀这一严重违章行为，身为钻井队队长、井队井控工作第一责任人的吴某，未按规定参加班前会和审查班报表，致使回压阀被卸的重大事故隐患未能及时发现。在补签22日的班报表时，吴某发现回压阀被卸的严重违章行为后，既没有立即整改，又不及时报告，使得重大事故隐患未能得到消除。事故发生后，吴某没有按照规定安排专人监视井口的喷势情况，检测空气中硫化氢的含量，以致不能提供确定点火时机、控制有害气体进一步扩散的相关资料和数据。

这次井喷事故的发生、发展和扩大的过程在事后清晰地呈现出来，这几名责任人中有技术人员，有一线作业工人，也有管理者。虽然他们岗位不同，职责不同，但一个个习以为常的违章，使他们每个人都成了酿成这场灾难的环节，每个人的"小过失"终于叠加成了一次石油行业伤亡人数最多的大事故。

惨案触目惊心！就是因为有关岗位上的人员玩忽职守，没有尽职尽责地做好自己的工作。

对于钻井现场负责人强令工人卸下钻具内的回压阀，这一毫无责任心的指挥行为，那些在场的人却认为事不关己，无人提出异议；对于灌注钻井液的操作，明显地背离了操作规程的行为，其他人却熟视无睹，无人加以制止。知者、见者都麻木不仁，听之任之，毫无责任心和责任感，最终导致特大井喷事故。这一井喷事故中的主要责任人都承担了相应的刑事责任。

放弃了自己对社会的责任，对企业的责任，对安全的责任，或者蔑视自身的责任，就意味着放弃了安全，放弃了自身在这个社会中更好的生存和发展机会。

相反，如果勇于承担责任，任何时候都坚守住责任，负起责任，就能保证安全，为安全筑起一道防火墙，为安全织起一张安全网，为安全支起一座铁屏障，就像"最美司机"吴斌一样。

客车司机吴斌正驾驶大客车由江苏无锡返回杭州，这条线路他已经驾驶了数十年。

当吴斌行经沪宜高速时，原本空无一物的视线中，一个黑点却在不断地放大，一块长约30厘米、宽15厘米的铁片直接飞了过来，砸碎客车前窗玻璃，刺入吴斌腹部导致肝脏破裂。在车速每小时百公里的车内，这相当于被5斤重的铁块砸中，不亚于一颗微型炸弹的冲击力，吴斌当即血流如注。

但他却忍着剧烈的疼痛，将车停了下来，拉上手刹、开启双闪灯，以一名职业驾驶员的高度敬业精神，完成一系列完整的安全停车措施之后，他又以惊人的毅力，从驾驶室艰难地站起来告知车上旅客注意安全，然后打开车门，安全疏散旅客，并嘱咐："别乱跑，注意安全。"当做完这些以后，耗尽了最后一丝力气的他，瘫坐在座位上，闭上了眼睛。

车上24名旅客无一受伤。生命的最后时刻，他也没有忘记自己作为一个司机的使命，没有忘记车上的旅客。他停车的视频感动了全中国，无数人看了一遍又一遍，哭了一次又一次。短短的视频记录了一个普通司机在瞬间迸发出的巨大的力量。

责任至高无上，责任决定安全，唯有勇敢地承担起自己的责任，这个世界才会安然无恙。爱默生说："责任具有至高无上的价值，它是一种伟大的品格，在所有价值中它处于最高的位置。"科尔顿说："人生中只有一种追求，一种至高无上的追求，就是对责任的追求。"追求责任、承担责任，是安全最牢固的前提和保障。

一个人无论职务大小、地位高低，不管从事什么工作，站在自己的岗位上，就应该负起自己的责任，不推诿、不扯皮，投入热情，投入真心，从细节做起，从小事做起，从现在做起，做好安全工作，承担安全责任，尽职尽责、尽心尽力地站好自己的那一班岗，保证企业的安全、同事的安全、自己的安全。

⚠ 5. 只负责任不找借口，借口是事故的温床

借口，是开脱责任的理由，是暂时逃避困难和责任，以获得某些心理安慰的精神支柱。找借口不仅是不负责任的表现，更是酿造事故的温床。

北京某炼铁厂发生一起由于控制室人员脱岗和操作错误，造成8名检修人员2死6伤的重大事故。

当天炼铁厂2号高炉正在生产中，在2号高炉水冲渣控制室当班人员是白某和王某。这天16时48分，炉前工通知：放渣结束，要求停两台冲渣泵。此时，冲渣控制室内值班操作工王某脱岗，不知去向，值班天车工白某放下电话，径直走向操作台进行停泵操作，停完冲渣泵之后，他既没有观察仪表盘上地下贮水池的水位显示，也没有检查过滤池阀门的开关位置，仅凭以往的习惯，顺手掀动了3个返洗阀开关。这一盲目的顺手操作，造成地下贮水池内82℃高温水，沿着500毫米粗的管道，骤然向过滤池上返。

此时，距冲渣控制室百米之遥的6号过滤池内，一支检修小分队正在作业。检修队长张某带领7个人下到过滤池内，用电钻疏通6号过滤池底钢板的渗水孔。为了传递工具和控制电钻的停送电，他特意在地面留了4个人配合检修。由于7米深的过滤池常年被含硫的高温水浸泡，垂直的池壁上没有设计固定攀梯，检修人员上下全靠自制的临时挂梯。这次，检修小分队也是焊制了两架悬梯，挂在东池壁上。除了小分队检修的6号过滤池，另5个过滤池为保证冲渣生产，都是满满的热水。

14时50分，检修队长张某发觉钢板下情况异常，热水随着蒸汽直往上冒。他派姜某快去冲渣控制室通知停泵，8名检修工则分别站到过滤池底两根工字钢上，等待着停泵后返水自然回落。姜某飞快地跑到冲渣控制室，对白某大声说："快停泵，6号过滤池返水了。"

听到过滤池返水，白某有点紧张，他前一天就听班长交代过，今天白班有配合检修的计划，可没引起重视。他一边说："没事儿，没事儿，水马上就下去。"一边来到控制台前，按下两个控制钮，就把姜某打发走了。实际上，白某根本没有找到控制6号池返水的过滤阀位置，无意中反而又捅开了一个返洗阀，加大了返水量。姜某还没回到6号过滤池边，就见另一名检修工跑过来，边跑边喊："水没有退，都没脚脖了，快去停泵。"14时53分，白某听说水没退下去，急得不知所措，怎么也找不着断水的阀门，转身慌慌张张地跑出了冲渣控制室，四处寻找擅自脱岗的王某。当王某随白某跑回操作室，时间已过去8分钟，就在这生死攸关的8分钟里，已经造成8名检修工2死6伤的严重后果。

事故发生后，王某却找借口说自己生病了，拉肚子，去上厕所了。但这样的借口怎能消除这起重大事故的责任呢？白某则借口自己是为了给王某帮忙才出的错，但这样的借口有用吗？这样的借口能挽回8名检修工的伤亡吗？正是因为王某不负责任，当班期间擅自离岗脱岗，白某不负责任、擅自开动自己不熟悉的机械，才导致了这样严重的事故。

安全没有借口，安全只有责任。要安全就绝不能找借口，而只能负责任。除了奉行安全第一的理念，想尽一切办法，完成好自己的安全工作和任务之外，我们没有任何其他的方法，也绝不能去找任何借口，哪怕是看似合理的借口。

在安全问题上，要体现一种完美无缺的执行力，一种诚实的服从态度，一种认真敬业的责任精神。任何工作都要以服从安全为前提，只有每一位员工都能认识到这一点，以一种积极的心态去服从于安全，主动去关心安全，我们才能真正做到安全工作万无一失，否则，就可能因小失大，导致不该发生的事故和不该有的损失、伤亡，甚至造成无法弥补的心灵创伤。所以，在安全上，千万不要找任何的借口，而应当百分之百地负起责任。

⚠ 6. 服从命令，认真落实安全责任

安全第一，除了需要在平日里就养成良好的习惯外，还需要狠抓安全责任制的落实，服从一切有关安全的命令，把安全工作放在心上，切切实实抓好安全，只有这样，才能真正将安全的观念深植于心，避免安全事故。

安全靠责任来落实，种种事故表明，小的错误也好，大的事故也罢，只要你对工作真正负起责任，服从安全命令，就可以将其避免。即使发生灾难，也可能会转危为安。

某航班客机在飞行过程中由于飞鸟"卷入"客机两侧引擎出现故障。在地面指挥台的指挥下，飞行员应变迅速，驾驶客机避开纽约人口密集街区，无损坠落于哈德孙河。地面救援人员接应及时。机上 155 名乘客全员获救。

这架客机起飞后不久，机上人员便听到一声巨响，一名乘客事后在接受采访时说，他们听到巨响后便闻到了一股焦味，当他们看到飞机试图返航时就意识到出事了。但他们对机长的表现非常满意。机长临危不乱，一边及时与地面联系，一面沉着冷静地说服旅客们保持镇静，并请他们做好

临时迫降的准备，然后以极精湛的飞机驾驶技术，进行了一个教科书式的机腹着陆动作，从而阻止了这架重100吨的飞机，在与水面接触时解体，保护了机上155名乘客，创造了史无前例、无人死亡的水上迫降纪录。

这件事在飞行界产生了巨大的反响，正是由于机长认真履行了地面指挥的命令，并以高度的责任心和精湛的飞行技术，完成了这样一次水上迫降的奇迹。如果当时机长自以为是，自作主张，不与地面指挥紧密配合，不听地面指挥的命令，很有可能又是另一种结果。可见，责任心是一切安全的根本前提。

有责任心的人，一定是敬业、忠诚、热忱、细致的人，这样的人，必定会把自己应做的事负责到底，一切行动听指挥，一切正确的命令都能完美地执行。这样尽职尽责、认真负责的人，安全一定有保证，事故一定可预防。

⚠ 7. 尽忠职守，把安全责任贯穿到每一分每一秒

岗位连着安全，安全系着岗位，二者不可分离。在岗一分钟，负责六十秒，岗位就意味着责任。在其岗，就要负其责，把安全责任贯穿到工作的每一分每一秒，才能真正保障安全。要不然，事故就永远无法避免。

某企业的一位仓库保管员，在夜里值班的时候违反规定酗酒后，沉沉地睡了过去。恰巧当天晚上企业厂长路过仓库时进去转了转，发现了这位

保管员。厂长顿时火冒三丈，大声呵斥："要是发生了火灾和盗窃怎么办？"这位睡眼惺忪的保管员借着未醒的酒劲，也大声地说："发生了问题，我负责！"在这漆黑一片、四下无人的夜晚，这位保管员的话听起来似乎真的像那么回事。但，这不是事实真相。

这位保管员的"出了问题我负责"的豪言壮语，是愚蠢的、无知的。真的出了问题，他负得起这个责吗？保管员的岗位责任，只是企业组织里成百上千个责任中的一个，它和其他责任紧密相连。如果保管员的岗位责任缺失，由于这种联系会导致一系列的责任缺失——如果因为保管员的失职而发生火灾或盗窃，接下来呢？生产部门将因领不到原材料而被迫停止生产，销售部门会因生产部门的停产而无法履行销售合同，财务部门将因销售部门不能履约而无法按计划收回应收款……一个看似不起眼的责任缺失，就会导致一连串的恶性事件。

安全工作绝不是孤立的，更不是某一个人真能负得起事故的责任。退一万步说，真的由某个责任人来承担了责任，甚至判他坐牢，又能怎么样呢？事故的损失终究是损失了，伤亡也终究是伤亡了。所以，安全的关键，不是"出了问题我负责"，而是"出问题前我负责"，切切实实把安全贯彻到每一分每一秒的工作中去，事故也才能被我们远远地避开。

第四章

重视违章危害，从源头上掐断引发事故的『导火索』

违章违纪，是最不安全的行为，也是许多事故发生的罪魁祸首。安全统计数据表明，大多数事故是因为违章导致的。而事故一旦发生，就会导致伤害，导致损失，甚至导致死亡。要真正把事故防住，就必须从源头上重视违章的危害，控制违章违纪行为，掐断引发事故的『导火索』。

⚠ 1. 触目惊心的事故大多数是因为违章

有违章就会有事故，违章不除，事故不断。国家安全监督管理总局的调查数据显示，绝大多数事故属于责任事故，是由于违章指挥、违章作业和违反劳动纪律造成的。事故管理的研究报告显示，人为事故的比例更是高达96%，只有大约4%的事故是因为物态和意外造成！可见违章对于事故形成的影响有多大！

太多的事故案例也以其血淋淋的事实无情地证明了这一点，各行各业各种事故都有一个共同的源头——违章！

某建筑工地上，工头张某向市建筑公司经理李某提出工期紧，要上水泥空心板的事。李某问："空心板啥时间打的？"张某回答："4月22日打的。"李某明确答复："不能上，最快也得过半个月以后才能上。"4月29日下午，张某在工地向施工班组的组长郭某安排上水泥空心板，郭某当时提出4月22日打的板，才一个星期，时间短，不能上。随即张某叫工人陈某带撬棒到打板场作了简单检查，回到工棚后对郭某说："板硬棒着哩，质量还可以，再保养两天就可以上了。"4月30日下午，张某又到工地催郭某抓紧上板，延长工期要罚款。5月1日8时，郭某根据张某的决定派李某、王某等5人在房顶安装水泥空心板，当上到第二块板时，挂有水泥空心板的拖车一个车轮压到上好的第一块板上，该板突然断裂下落，在房顶施工的王某随断折的板掉下地面，拖车车把又将李某从房顶打落到地面上，导致一亡一伤的严重后果。

这是一起典型的违章指挥责任事故。张某不听劝告，强令冒险作业，有章不循，违背规定，为赶工程进度，强令工人盲目蛮干，造成了一死一伤的严重后果，构成重大责任事故罪，张某被判处有期徒刑2年。

6月8日是星期天，应该是休息的日子，但是某机械厂由于实行了新的计件工资制，许多工人自发组织加班，以求增加收入。机械加工车间女车工尹某，在车间领导安排她加班而她本人没有时间的情况下，擅自请在本厂当铸造工的丈夫代替她操作车床。

上午11时许，尹某从市场买菜回来，因考虑到丈夫技术不熟练怕出废品，匆忙去车间探望。来到车间后不久，尹某发现车床架紧固螺钉松动，她在未停机的情况下，违章伸手去帮忙拧螺钉。由于尹某未按安全操作规程要求戴工作帽，致使自己的长发被卷入车床丝杆，待其丈夫发现时又不知道如何关掉车床电源开关，而是抱着尹某身体向后拉，结果头发越绞越紧。当另一工人发现并关掉车间总闸时，尹某满头秀发连同头皮已被全部撕掉，左耳也撕去一块，造成一起惨不忍睹的重伤事故。

这是一起典型的违章作业责任事故。造成这起事故的直接原因是一连串的违章，首先是尹某违反有关规定，擅自让其丈夫代替自己操作车床；其次是在未停机的情况下紧固螺钉，这也是安全操作规程严格禁止的；再次是操作车床不戴工作帽，导致长发被车床丝杆缠绕，造成严重伤害事故。

某化学厂由于外线突然停电，生产未能按计划正常进行。11时30分送电后，至12时25分，该厂锂基脂工段第一工序热油釜点火升温（热油釜是用机械油作热载体的供热设备，为常压操作设备），当时天然气压力为0.02兆帕。热油釜升温后，其他生产准备工作相继开始，因送电晚，蒸汽压力较低，配料岗位的硬脂酸未熔化，锂基脂工段未投入联动运行。

14时30分，蒸汽压力上升至0.04兆帕，由于没有对天然气压力按工艺操作规程进行调试，在15时左右，导致油温升高沸腾，热油釜内压力上升。此时，由于当班热油釜司炉工擅自脱岗，到二楼操作室议论出差事宜，致使油温无人控制。热油釜油蒸气冲开用于封密的石棉盘根，从加油孔入孔处大量外溢，遇天然气火焰引燃爆炸。瞬间浓烟、火焰窜至二楼，封闭了操作室门窗，室内有人工作，其中6人从窗台跳出，未跳窗2人，1人被烧死在现场，1人在送医院途中死亡。

这是一起典型的违反劳动纪律责任事故。许多事故之所以发生，与员工的纪律意识不强、不守章守纪关系密切。比如造成这起爆炸事故的直接原因，是当班热油釜司炉工擅自脱岗到二楼操作室议论出差事宜，致使油温无人控制酿成重大事故。而且经调查，司炉工平常工作就马虎散漫，多次违章离岗。

由上可见，违章违纪正是事故发生的最重要的源头，"三违"就是事故发生的最大原因。据统计，在所有违章事故中差不多有高达95%的事故是因为习惯性违章！所以，反违章更需要反习惯性违章。

习惯性违章，顾名思义就是一种长时期逐渐养成的违章行为，就是违反安全操作规程或有章不循，固守不良作业方式和工作习惯的行为。由于习惯的强大力量，当事人往往已经麻痹大意不当成违章。习惯性违章是一种长期沿袭下来的违章行为，它实质上是一种违反安全生产客观规律的盲目行为，或没有认识，或随心所欲，但都习以为常，习惯成自然，即明知道这是违章的，当事人却因为自己的习惯没有改变过来，便不由自主地违章了。

某氮肥厂合成车间由预脱硫、一段转化、二段转化、高低温变换、苯菲尔液脱碳、原料气压缩、氨的合成等装置组成。这天，职工在车间进行投料开车，上午8时20分，辅锅2号烧嘴熄火；9时10分，经分析确认辅锅炉膛内可燃气含量不超标；9 时 25 分左右，转化岗位操作人员来到辅锅处准备重新对辅锅烧嘴进行点火；9 时 43 分，辅锅发生闪爆事故。事故造成辅锅外墙变形，整个合成装置被迫停产 7 天，直接经济损失 8.5 万元。

　　分析事故原因最主要的就是操作人员平时养成的坏习惯所致。辅锅点火，正确操作程序应该是先伸火把，后开燃油。转化岗位操作人员点火时粗心大意，按经验办事。以前辅锅燃油使用柴油时，由于柴油挥发性较差，操作人员点火时先开柴油，后伸火把，从未发生闪爆事故。而此次，燃油已改为焦化汽油、焦化汽油极易挥发，易爆炸，操作人员仍然按照原来的方式进行操作，于是发生辅锅闪爆事故。这是一起典型的习惯性违章操作造成的事故！

　　习惯性违章其实和定时炸弹没有任何区别，只是别人的定时炸弹不会随时带在身上，而习惯性违章却一直如影随形，时刻都有爆炸的危险。如果说违章像高杀伤力的炸弹，那么不安全的习惯则在不断地为它上紧引爆的发条。习惯养成得越久，改掉越困难，而且操作者对于习惯的信任更加顽固，导致事故的危险也就更加强化，安全事故时时发生，也就没有什么奇怪的了，所以控制事故必须先控制违章。

⚠ 2. 违章是伤亡和损失最大的祸根

　　十次事故九次违章，违章是事故最大的原因。一次事故就首一次惨烈的伤亡，一次事故就有一次重大的损失，违章是伤亡和损失最直接的源头，最大的祸根！

　　某钢铁公司一号炉托盘以上炉皮被崩裂，部分炉皮、高炉冷却设备及炉内炉料被抛向不同方向，炉顶设备连同上升管、下降管及上料斜桥等瞬间全部倾倒、塌落。出铁场屋面被塌落物压毁两跨。炉内喷出的红焦四散飞落，将卷扬机室内的液压站、主卷扬机、控制机等设备全部烧毁，也将上料皮带系统严重损坏。由于红焦和热浪的灼烫、倒塌物的打击及煤气中毒，造成19人死亡，10人受伤。钢铁公司经济损失300余万元。

　　某矿综采放顶煤工作面在安装过程中发生特大瓦斯爆炸事故，死亡78人，受伤7人，经济损失500余万元。

　　某冶金矿山公司某矿一铲运机司机朱某，在铲运机电缆磨损漏电的情况下，没有停车断电而加油。由于车体带电，其下车时一手抓巷道顶部的锚杆，一手扶车体，致使触电死亡。

　　南方某县特大透水事故是一起因某矿区非法开采，以采代探，乱采滥挖，矿业混乱，违章爆破引发的重大责任事故，造成81名矿工死亡。

　　辽宁某煤矿特大瓦斯爆炸事故，遇难214人，造成直接经济损失4968.9万元。

　　山西某煤业有限公司发生特别重大瓦斯爆炸事故，造成105人死亡、18人受伤，直接经济损失4275万元。

　　北方某煤业公司井下发生特别重大炸药爆炸事故，造成35人死亡、1人失踪、12人受伤，直接经济损失1291万元。

　　东北某矿业有限公司发生特别重大火灾事故，死亡31人，直接经济损失1565万元。

　　湖南一高架桥发生坍塌事故，9人死亡，17人受伤，另外还包括一辆公交车在内的22台车被压。

　　……

这一组数据不过是发生的重大安全事故的冰山一角。哪年没有发生过重大的伤亡事故，哪一次事故没有造成惊人的损失？

这几年国家对安全生产管理越抓越紧，也越抓越实，安全生产形势大有好转，事故呈逐年下降趋势，但依然不断有事故发生。

2018年，国家成立了应急管理部，安全生产划归应急管理部分管。应急管理部门积极适应新体制新要求，以创新的思路、改革的办法和有力的举措奋力破解难题，实现了新时代应急管理工作的良好开局。应急管理部公布的数据显示，2018年中国自然灾害因灾死亡失踪人口、倒塌房屋数量、直接经济损失比近5年平均值下降60%、78%和34%；生产安全事故总量、较大事故、重特大事故与上年相比实现"三个下降"，其中重特大事故起数和死亡人数分别下降24%和33.6%，应急管理部在新闻发布会上表示，2018年是自新中国成立以来首次全年未发生死亡30人以上的特大事故。

央广网报道，2019年，全国安全生产形势总体保持稳定态势，事故起数和死亡人数分别下降18.3%和17.1%，较大事故、重特大事故起数分别下降10.2%和5.3%。此外，在自然灾害防治方面，全国自然灾害因灾死亡失踪人口、倒塌房屋数量、直接经济损失占GDP比重较近5年均值分别下降25%、57%和24%。

国家统计局《2019年国民经济和社会发展统计报》显示，2019年全年各类生产安全事故共死亡29519人。工矿商贸企业就业人员10万人生产安全事故死亡人数1.474人，比上年下降4.7%；煤矿百万吨死亡人数0.083人，下降10.8%。

但这并不标志着安全生产就能因此放松。国务院安全生产委员会办公室关于"2018年上半年全国建筑业安全生产形势"的通报指出：建筑业安全生产形势总体稳定，但事故总量同比增加，且发生1起重大事故，安全生产形势依然严峻复杂。通报总结了事故发生的主要原因，是企业主体责任不落实。部分施工单位安全生产红线意识不牢，存在侥幸心理，大部分的事故中施工单位总承包、专业承包、劳务分包关系界限不清、职责不明，现场管理混乱，以包代管、包而不管，安全技术交底和培训教育流于形式，不按专项方案施工，施工现场违规违章行为普遍，直接导致事故发生。

而应急管理部公布的2019年生产安全事故十大典型案例中（见光明网2020年1月13日报道），几乎全部都有违章违纪的影子。

如致78人死亡、76人重伤、64人住院治疗、直接经济损失达19亿多元的某化工公司特别重大爆炸事故。该公司无视国家环境保护和安全生产法律法规，长期刻意瞒报、违法贮存、违法处置硝化废料，安全管理混乱，违章违纪严重。

又如长深高速特别重大道路交通事故，造成36人死亡。道路客运行业跨省异地源头管控存在漏洞，企业注册地有关部门对未取得道路运输经营许可的企业、车辆监管不力，对企业日常安全管理严重缺失的问题失察失管，未及时处理其他部门和外地关于事故企业及车辆涉嫌非法营运的抄告线索，没有真正形成监管合力和闭环管理等问题。而司机的违章违纪也是重要原因。

再如造成11人死亡的河北某施工现场升降机轿厢坠落重大事故，施工单位项目主要负责人系挂靠人员，实际上不在现场执业；施工现场以包代管，安全管理混乱；施工单位未组织验收即违规投入使用，在收到停止违规使用的监理通知后，仍不整改继续使用。

这些事故都说明，只要有违章就会引发事故；只要有事故，就必然会带来伤亡和损失。而且还是这样严重的、巨大的、惨不忍睹、触目惊心的伤亡和损失！难道这还不能说明违章就是伤亡和损失最大的祸根吗？

⚠ 3. 要安全就不能有违章

违章是安全最大的敌人，是事故最大的诱因，因为只要有违章就会有伤亡，就会有数不清的伤痛，流不尽的泪水。

某卷烟厂发生火灾，卷烟一、二两个车间，烘支房的机器设备、产品等物资被烧坏、烧毁，员工 3 人遇难，5 人烧伤。烧坏国产卷烟机 36 台，进口卷烟机 1 台，接嘴机 3 台，包装机 4 台，两个车间的动力照明设备、吊顶和隔墙全部烧光，烧毁八个牌号的成品、半成品香烟 229 箱。调查发现，这场火灾的直接原因，是某职工违章吸烟，扔下的未掐灭的烟头引燃一车间内用胶合板修建的废烟末房中的废烟末、废纸，火焰窜上车间的纸板吊顶，致使火势蔓延，酿成大祸。

这次事故导致直接经济损失 56.4 万元。而间接损失更是惊人，3 名遇难员工的家庭破碎，给他们的家人带来永远无法弥补的伤痛；其后续的赔偿和补助，5 名烧伤人员的医疗费用，还有他们承受的痛苦更是无法估量；火灾致使工厂停产三个月，损失惨重；重新购置机器、修缮房屋、安装机器的费用、烧毁的成品延期交付的赔偿费用远远超过 50 多万元……

违章不一定发生事故，但事故多是违章造成的。违章是发生事故的起因，事故是违章导致的后果。根据对所有的事故原因进行分析证明，许多事故都是由于违章而导致的，只有极小一部分才是因为自然灾害等其他不

可预见的因素造成的。特别从一些危险性相对较低的行业所发生的各类事故分析结果来看，近乎100%的事故是由违章引起的。事故带来的影响是深远的，损失也是难以估量的。

某制药有限公司组织人员清理该厂已停用两年多的两个环保污水池，作业人员往污水池中灌水时，由于水泵放得不正，1人下去污水池扶正水泵时中毒昏倒，随后又有数人下去救人被毒倒，事故共导致9人中毒，其中4人死亡、3人重伤、2人轻伤。经过调查，初步认定污水池内的硫化氢、甲烷等气体浓度较高，作业人员由于缺乏安全常识，无现场指挥，违章作业，事故中抢救不当，从而导致中毒事故的发生。

某钢铁有限公司1号炉锻铸时加入的废铁中混有密封管，密封管受热爆炸，产生巨大冲击波，热钢水溅出，导致2人死亡、4人重伤、4人轻伤。事故也是由于从业人员违章违纪引起的。

接连发生的两次事故，造成重大的人员伤亡和财产损失，原因无一例外都是违章。违章就是事故的源头，就是伤亡的祸根，就是损失的元凶！

要安全就不能有违章，有违章就不会有安全！因为只要有违章存在，就有事故的可能，一旦发生事故，就会让我们所拥有的一切、追求的一切、期盼的一切，全部成空！

⚠ 4. 常见违章行为的表现

违章表现多种多样，按不同的标准划分有不同的表现。我们常说的违章行为主要是"三违"——违章作业、违章指挥和违反劳动纪律，是企业员工在生产过程中不按章程办事的行为的统称。

违章作业，就是指在生产、施工中，凡违反国家、部或主管上级制订的有关安全生产的法规、规程、条例、指令、规定、办法、有关文件，以及违反本单位制订的现场规程、管理制度、规定、办法、指令而进行工作，称之为违章作业。包括不遵守施工现场的安全制度；进入施工现场不戴安全帽、高处作业不系安全带和不正确使用个人防护用品；擅自动用机械、电气设备或拆改挪用设施、设备；随意爬脚手架和高空支架等。如果违章作业成为习惯，就会成为习惯性违章行为，其危害更大。

违章指挥，主要是指生产经营单位的生产经营者违反安全生产方针、政策、法律、条例、规程、制度和有关规定指挥生产的行为，也指现场负责人在指挥作业过程中，违反安全规程的要求，按不良的传统习惯进行指挥的行为。有的负责人简单从事，该交代的项目不交代，该执行的监护不执行，而是按照不良的传统习惯进行盲目指挥，必然会造成不堪设想的后果。如不遵守安全生产规程、制度和安全技术措施或擅自变更安全工艺和操作程序；指挥者未经培训上岗，或使用未经安全培训的劳动者或无专门资质认证的人员；指挥工人在安全防护设施或设备有缺陷、隐患未解决的条件下冒险作业；发现违章不制止等。

违反劳动纪律，主要是指员工违反生产经营单位的劳动规则和劳动秩序，即违反单位为形成和维持生产经营秩序、保证劳动合同得以履行，以及与劳动、工作紧密相关的其他过程中必须共同遵守的规则。违反劳动纪律具体包括：不履行劳动合同及违约承担的责任，不遵守考勤与休假纪律、生产与工作纪律、奖惩制度、其他纪律等。

"三违"只是笼统说法，具体说来，违章行为的表现有以下方面。

（1）违章指挥行为

①不能坚持安全第一，管生产时未同时管安全。

②企业内部劳动组织不合理，安全组织不健全。

③安全生产责任制不明确、不落实。对自身安全职责不清楚或不落实、不到位。

④安全技术知识贫乏，又不注意加强学习。

⑤安全措施制定不准确，缺乏针对性和严密性。

⑥安全规程、劳动保护法规实施不力，贯彻不周。

⑦分配工人工作，缺乏适当的程序，用人不当。

⑧不重视安全防护措施。

⑨内部管理松懈，管理存在随意性。

⑩布置生产任务和技术交底时，未进行安全指令和安全措施交底，或交底不认真。

⑪审批签发安全票证不认真、不把关、走过场。

⑫发现职工违章作业时不及时制止、纠正。

⑬不能带头遵章守纪。

⑭安全活动、安全教育、培训不认真或没有针对性。

⑮对事故隐患未落实整改措施或整改不认真、不及时。

⑯故意隐瞒事故，不报告上级。

⑰发生了事故未按"三不放过"原则处理。

⑱在计划、布置、检查、总结、评比生产时，未同时计划、布置、检查、

总结、评比安全工作。

⑲制订检修计划时未同时制订安全措施和检修方案。安排检修任务时，安全措施不到位。

⑳强令工人冒险作业。

（2）违反安全生产管理制度的行为

①进入工作现场，工作负责人未向工作班组人员交代安全措施及注意事项便开工。

②未取得安全作业证的独立作业。

③非特种人员从事特种作业及特种作业人员未持证上岗。

④未按规定时间和要求组织开展班组安全活动。

⑤未进行交接班，或不认真进行交接班。

⑥未严格控制工艺指标。

⑦未严格执行操作票。

⑧报表记录不及时、涂改或数据虚报。

⑨操作监护人不到位，操作人擅自操作。

⑩到危险性大的部位检查或操作，并单独前往。

⑪危险作业，未按规定办理票证并得到批准，或边作业边办证。

⑫动火作业未办证，或动火证未经审批。

⑬在现场作业时，工作票不随身携带备查。

⑭工作过程中更换工作负责人，不办理变更手续。

⑮检修工作超过期限，而不及时办理延期许可手续。

⑯擅自扩大工作范围。

（3）违反安全操作规程的行为

①物品摆放不符合定置定位要求，工作结束后，现场不清理。

②未经批准，动用了不是自己分管的设备、工具。

③检修设备时安全措施不落实，就开始检修。

④检修结束后，未将临时拆除的安全装置和设施复位并确认完好正常。

⑤停车检修后的设备，不认真检查就启用。

⑥不清洗不置换，或动火分析不合格盲目动火。

⑦在易燃易爆场所，使用非防爆照明器材。

⑧不清除周围易燃物就动火。

⑨动火作业时没有消防后备措施。

⑩用关阀门、加水封等来代替加盲板等作隔绝方法。

⑪使用氧或富氧气体进行置换和通风。

⑫进入容器内作业，未进行置换、通风。

⑬进入容器内作业，未按时间要求进行安全分析。

⑭用动火分析代替安全分析。

⑮进入容器、设备内作业，容器外未设监护人或监护人不坚守岗位。

⑯进入容器、设备内作业无抢救的后备措施。

⑰无证、无令开车。超速行车、空挡溜车。带病行车。人货混载行车。超标装载行车。

⑱无阻火器车辆（包括助力车）进入禁火区。

⑲电气操作时，未使用绝缘工具。

⑳用湿手、油手以及使用工具拉、合电气开关。

㉑机电设备检修时，在配电开关处不断电或不挂警示牌。

㉒进入机械设备内检修运转部件不设人监护或未采取重复断开动力源措施。

㉓跨越正在运转的机轴（如皮带运输机）。

㉔在易燃易爆区域防腐防锈作业，用铁器敲击管道、设备等。

㉕起重作业，违反"十不吊"。

㉖在未经检查合格的脚手架或梯子上工作。

㉗高处作业时未使用绳索或专用工具袋传递工具、材料或上下传递物体。

㉘从高处往下扔东西。

㉙未经许可开动、关停、移动机器。

㉚开动情况不明的电源或动力源的开关、闸、阀。

㉛开动、关停机器时未给信号。

㉜开关未锁紧，造成意外转动、通电或泄漏等。

㉝奔跳作业。

㉞超限（如载荷、速度、压力、温度、期限等）使用设备。

㉟工件紧固不牢。

㊱用手代替手动工具。

㊲不用夹具固定、用手拿工件进行机加工。

㊳在绞车道或行车道上行走。

㊴攀、坐不安全位置（如平台护栏、汽车挡板、吊车吊钩）。

㊵在起吊物下停留、作业。

㊶机器运转时加油、修理、检查、调整、焊接、清扫等工作。

㊷攀登脚手架、井字架、龙门架和随吊盘上下。

㊸使用汽油等易燃液体擦洗机动车辆、设备、工具及衣服等。

㊹站在正面，使用会产生飞溅硬物的打磨器具。

㊺在转动机件上放置物件。

（4）违反劳动纪律行为

①在禁火区吸烟。

②上班时间，睡觉、干私活、离岗、串岗以及干与生产无关的事。

③班前、班中喝酒。酒后作业，酒后开车。

④工作时间，有分散注意力的行为，如嬉笑打闹。

⑤把外来人员带入生产岗位。

⑥非岗位人员任意在危险、要害、动力站（房）区域内逗留。

（5）不按规定穿戴劳动防护用品、使用工具的行为

①进入生产岗位，不按规定穿戴劳保用品。

②抽加有毒、窒息性气体的设备、容器、管道的盲板时，未使用隔离式防毒面具、或使用过滤式防毒面具。

③操作旋转机床设备或进行检修试车时敞开衣襟、戴围巾、头巾或穿裙子、系领带操作。

④操纵带有旋转零部件的设备（如车床、钻床、台钻、切割机等）时戴手套。

⑤在有毒气体区域作业不带防毒面具。

⑥检修操作酸碱设备时未戴好防护用品。

⑦女工进入生产现场时，未将发辫盘放入工作帽或安全帽中。

⑧在金属加工时，凡有颗粒铁屑、铜屑飞溅的场合，未戴护目镜。

⑨进入生产、检修现场未戴安全帽或未系下颏带。

⑩上班时间穿拖鞋、高跟鞋、凉鞋、塑料底鞋或将劳保鞋当拖鞋使用。

⑪进入容器、设备内作业，未佩戴或错误佩戴规定的防护用具。

⑫在易燃、易爆、明火、高温作业场所穿化纤服。

⑬高处作业，未系安全带。安全带，低挂高用。

⑭使用安全装置不齐全的设备。

⑮设备上有安全装置，而开车操作时不用。

⑯任意拆除（解除）设备上的安全、照明、信号、防火、防爆装置和警告标志、显示仪表。

⚠ 5. 违章违纪发生的原因分析

违章的后果惨不忍睹，违章的危害触目惊心，这是每一个员工都知道的。而且近些年反违章、抓安全的工作力度很大很扎实，开会讲，文件提、学习讲、现场抓，反违章在生产工作的各个环节无处不在。反违章、抓违章天天在讲，天天在管，安全管理部门和企业都对杜绝违章行为想了很多办法，做了不少工作，不仅加大了反习惯性违章的教育培训，对于违章的处罚也毫不手软，但是，习惯性违章就像顽疾一样，总是禁而不止、屡禁不绝。这其中的原因是多方面的，有员工自身的原因，也有习惯的强大力量。分析起来，违章违纪的原因主要有以下几方面。

（1）习惯的力量

有些常见的违章行为，是违章者本身就形成了这样的习惯，或者是一上班就从师傅、同事那里学到了这种习惯，或者是自己多年工作中养成了习惯，这些习惯深深植根于他们的潜意识当中，仅用显意识几乎无法改变。

（2）管理不严

个别管理人员反习惯性违章不力，对习惯性违章行为视而不见，见而不管，管而不严。如果管理人员怕得罪人，不敢抓，不敢管，更不敢考核，就会使习惯性违章不能从根本上杜绝。对习惯性违章除了批评教育外，还必须辅以经济考核，这样才能更有效地遏制习惯性违章。否则，发现违章行为不制止，不纠正，不处罚，其实质是对违章行为的认同、包庇和纵容。

（3）安全规范意识淡薄

由于每一次习惯性违章不一定都会发生事故，使员工模糊了习惯性违章与事故发生之间的必然联系，进而产生了值得冒险的念头。还有部分员工，自认为技术好、能力强、工作经验丰富，形成了胆大妄为的工作作风。另外，由于不能正确处理任务数量、效益成本与安全质量之间的关系，对片面赶进度、抓效益可能引发的事故及后果的严重性缺乏估计和预想，因而产生了"该投机时就投机，该取巧时就取巧"的心理。

（4）部分员工素质不高

一是新员工对标准规范吃得不透，工作经验缺乏，业务技术不高，安全意识欠缺，是非鉴别能力不强，衡量对错的标准尺度没有彻底成型；二是有的老员工安全专业技术知识不够，原有的经验与新设备、新技术的要求脱离；三是有的管理者虽然知道却不愿用新的安全技术理论指导实践，依然沿用旧的方法，思想上存在惰性。

（5）责任监管效果欠佳

一是安全管理制度建设不完善，有些制度过时却不能及时修正，有些制度或部分内容相互矛盾，还有些方面则缺少相应的制度；二是有的领导对自身的监管不力，导致上行下效，使反习惯性违章层层弱化；三是有些监管人员无所作为，不深入基层，不跟踪新技术、新标准、新教程，或者碍于人情，在考核时避重就轻、敷衍了事，甚至"手下留情""一放了之"。

（6）员工间监督不够

有的因为自身技术能力原因无法对他人实施监管，有的从思想和行为上排斥他人的监管，还有的员工常以"与己无关"的态度对待周围发生的习惯性违章，乐于当"老好人"，这些都使反习惯性违章效果大打折扣。

所以，要全面彻底地反违章，还要注意从这些方面去努力克服和治理。

⚠ 6. 最易发生违章行为的员工特点

在事故管理中，很容易就发现一个奇特的现象，有一些人很容易发生事故，而且几乎每次发生事故都是这几个人，而有的人却很少发生事故，因而"事故倾向理论"就产生了。

事故倾向理论，主要描述的是人的因素与事故发生原因的联系。它基于这样一个假设：当几个不同的人被置于几乎相同的环境中时，总有一些人比其他人更容易发生事故。这个理论的支持者认为：事故并不是随机分布的，或者说遭受伤害的可能性并不仅仅是一个纯粹的概率问题。他们断言：有些人身上具有一些与生俱来的特点，致使他们更容易发生事故。也就是说，有事故倾向性的人，无论从事什么工作都容易出事故。由于有事故倾向性的人是少数人，所以事故通常主要发生在少数人身上。

根据这一理论，有一些人总是比另外一些人更容易发生违章行为和事故。事实也确实如此，在工作中我们常常会发现有些人总是比其他一些人会发生更多的事故。仔细分析起来，有事故倾向的人员有以下几类。

（1）情绪不好的人

有人个性过于鲜明，爱闹情绪。一般表现：悲伤、气愤、忧郁、恐惧、焦虑、烦躁、发牢骚、说怪话、骂人、发怒等。人在这种情况下爱激动，控制自己行为的能力弱，有时失去理智，失去控制。带着情绪工作易发生人身伤害、误操作等事故，尤其是从事起重、运行的人员更容易发生事故。

（2）胆大好胜的人

胆大好胜的人多数是青年人，参加工作时间短，经验欠缺，不懂得违章的利害。胆大好胜在性格上属于外向型，好胜心强，什么事也不服输，敢动好动，缺乏科学的态度和正确的方法，对知识技能一知半解。

（3）性格急躁的人

性格急躁的人干起工作风风火火，讲究速度和效率，不讲究质量和工艺，往往出现违章现象；工作带头作用较强，但考虑问题不够全面和细心，安全措施和事故常常预想不到位；工作稳定性差。这种人不宜承担复杂操作和质量要求高的作业。

（4）心神不定的人

心神不定的人是在某段时间里遇到坎坷或不愉快的事情导致精神不稳定、不振作。如亲人遭遇不幸或死亡、离婚失恋、孩子得病、受到批评等都能使人心神不定。这种人的表现：情绪低落，精神恍惚不振，注意力不集中，记忆力显著下降。布置工作听完就忘，到现场不知道干什么活，到工具箱不知道拿什么工具。这种人易误操作。

（5）厌烦本职工作的人

这种人的表现：对工作没兴趣，进入工作岗位身心倦怠，工作不负责任，不愿意多干一点工作，更不能接受额外工作，最期盼的是下班。不学习技术业务，遇到技术难题和事故处理只能依赖别人。

（6）懒惰的人

懒惰的人对工作缺乏积极性和主动性，常常站着看，不愿意自己干。工作不负责任，不讲究质量和工艺，工作效率低，技术水平一般或较差。这种人易出质量事故和操作事故，若做监护人不能履行职责，易使作业人员造成伤害。

（7）从事第二职业的人

很多企业的生产环境和设备的特点是高压力、高温度、高强度，要求每个作业人员必须有充沛的精力和较好的体力，而且要做到精神高度集中，一丝不苟，否则就容易发生事故。因为人的体力和精力是有限的，从事第二职业的人由于正常的休息和睡眠得不到保证，长期下去体乏劳神，精神难以集中，也就保证不了安全生产。

（8）夜生活过度的人

夜生活过度是指夜间玩得时间过长，保证不了正常的睡眠；饮酒过量，严重消耗体力精力；把夜生活当作一种习惯，天天如此。夜生活过度的人一般表现：精神不振，眼睛红肿，面带倦意，注意力差，难以集中。有的人还有食欲不振，消化不良等反应。夜生活过度的人，尤其是夜间饮酒过量的人，次日工作极容易发生人身伤害及误操作事故。

（9）交际过多的人

这里讲的交际过多，是指单纯的玩乐交际、吃喝交际。这种人的表现：电话多、应酬多、请假多。工作时精力不足、分心、走神、急躁、盼下班、赶进度。交际过度的人易发生质量或操作事故。

（10）技术不熟练的新员工

任何一家企业，都不可避免地要"新陈代谢"，老工人退休，新工人上岗。这些刚刚走入企业的新员工，他们什么都要从头学起，工作经验少、工作技能低，只有通过不断的学习进步，才能逐渐适应自己的工作岗位，成为熟练的技术工人。新工人们对自己的工作要经历一个从陌生到熟练的过程，在这一过程中，因为自身知识技能的缺乏以及新工人的一些自身特性，很容易因为习惯性违章、误操作导致事故的发生。

（11）技术熟练有经验的老员工

对于各行业的职工来说，工作经验十分宝贵。在某种意义上讲，经验标志着一个人技术娴熟程度和处理情况的能力。在反习惯性违章活动中，同样需要有经验的老员工发挥骨干作用。然而，老员工如果对自己的经验盲目自信，离开具体条件照搬照套，也最容易发生习惯性违章。

有经验的人如果自恃"有一套"，很容易产生麻痹大意的问题，干惯了、看惯了，懒惯了，而忽视安全。

老司机苏某开了大半辈子汽车，从来没出过事，每当年审车检清洗发动机时，他总是先切断电瓶电源，然后再用毛刷蘸汽油刷洗。然而就在他即将退休前一个多月时，他没切断电瓶电源，就使用刷子蘸汽油清洗发动机。哪成想，刷子铁丝摩擦发动机部件产生火花，导致汽油爆燃起火。虽经扑救，但苏某烧伤面积仍达45%。他悔恨万分地说："我开车闯过大风大浪，没想到在小河沟里翻了船，完全是粗心大意的结果。"

还有些老员工的经验，多数停留在感性认识阶段，带有很大的片面性和局限性。这些经验是在过去特定的具体环境中积累的，在此时此地管用，在彼时彼地未必管用。如果不了解具体情况，沿用老经验，则很容易导致习惯性违章。

有的老工人的"经验"本身，便是习惯性违章做法。就车辆驾驶来说，有的老司机经常违章驾驶，还把酒后开车、超速开车或占道行车、边开车边全神贯注听音乐等，视为"经验"而加以自我炫耀。而实际上，这根本不是什么"经验"，而是十分有害的习惯性违章行为。

有的老工人的"经验"，是已经过时的操作方式。这些方式，在设备还不发达的初始年代，曾起过一定的作用。随着技术的发展，机械设备也在更新换代，现代化程度显著提高，旧的操作方式已被新的操作方式所取代。在这样的情况下，仍然沿用过去的习惯做法就不能适应现代化机械设备的需要，就会演变成习惯性违章行为甚至诱发事故。

因此，在反习惯性违章活动中，一定要重视抓好对老工人的教育，引导他们正确地对待自己，正确地对待已有的经验，把感性认识升华到理性认识上来。使他们真正认清：安全规程是科学的总结，是保证安全的法宝。只有严格地按安全规程办事，才能实现安全生产。要像抓新工人培训那样抓好老工人的再教育，组织他们重新学习安全规程，掌握科学的安全技术知识。

当然，违章行为千奇百怪，违章的原因也不一而足，违章的人员更是形形色色，我们只是列举了易发生违章行为的几类员工。如果没有强烈的反违章意识和安全意识，违章就会随时发生。只是具有上述特征的人更容易发生违章行为，违章和引发事故的概率大于其他人。所以这几类人更应当警惕。

⚠ 7. 最易发生违章违纪的场合和时间

　　研究违章行为的发生规律，也不难发现，即使同样的一个人，在一些场合和时间中，容易发生违章行为；而在另一些场合和时间则不容易发生违章行为和事故，这就是环境的影响作用。在影响事故的因素当中，人、机、环、法、料的影响最大，环境的影响不可小觑。在一些易发生违章行为的时间和场合，一定要多加注意，才能重点防范、全面杜绝违章违纪的行为。

　　分析起来，最易发生违章违纪行为的场合和时间主要有以下几个方面。

　　（1）企业安全管理松懈、制度松弛的时候

　　在这样的时候，一些职工失去严格管理和规章制度的约束，最容易随心所欲，自行其是，以不良的传统和习惯方式随意操作或作业。

　　因此，企业安全管理松懈之日，便是习惯性违章频发之时。这也正是管理松懈的企业事故多发、安全滑坡的缘故。所以，企业领导不论在任何时候或任何情况下，对安全管理工作只能加强不能放松。

　　（2）节假日前后，往往是事故高峰期

　　因为节假日临近，一些在异地作业的职工急于完成任务回家与亲人团聚。即使与家人在一地的职工，也会因欢庆节假日而分散工作精力。而节假日过后上班，一些职工还沉湎在节日的欢乐气氛中，心思并没有真正收拢在工作岗位上，所以，在节假日前后，是习惯性违章行为多发期。作为企业各级领导，应针对这个时期职工的心理活动，提前打好"预防针"，切莫放松管理。

（3）在时间紧、任务重，特别是工作量超出职工实际承受能力时

一些职工认为，按照安全规程规定的程序和要求去做，势必耽误时间，影响进度。于是，他们绞尽脑汁，"找窍门""走捷径"，有意或无意地改变甚至简化正常的作业程序，干起习惯性违章的傻事。有的作业现场从表面上看，职工迫于工作压力，干得热火朝天，汗流浃背，如果仔细观察，则是习惯性违章频频出现，险象环生。因此，各级领导在布置工作任务时，必须既考虑需要又兼顾可能，决不能满打满算，更不能随意追加任务或缩短工期。在发现职工出现"抢任务而忽视安全"时，就要适时"降温"，并采取可靠措施防止习惯性违章作业。

（4）在作业环境艰苦之时

比如成年累月在野外环境作业，如果遇到风雪、雨雾的气候，工作难度就会增大，人的适应性和耐力就会减弱，就容易发生违章；即使在室内作业，如果气温、照明等条件不良，或者连续奋战，也会形成疲劳感。这些，都容易使遵章守纪意识弱化而发生违章行为。企业各级领导，应积极为职工创造良好的作业环境，合理安排工作量，做到劳逸结合。遇有恶劣气候，应按照安全规程的要求，暂时停止野外作业。

（5）即将下班或作业收尾阶段

经过上午或下午的劳作，工人的体力和精力消耗很大，盼望早点下班，早点休息，这是人之常情。然而，这时往往会使思想溜号，工作精力集中不起来，而导致习惯性违章。作业接近尾声，人们对事故的警惕性会有所松懈，还会忙中出错，陷入习惯性违章的旧辙。在这种时候，各级领导特别是作业负责人应勤提醒，多督促，使大家保持足够的警惕性。

（6）在进行评比竞赛之时

评比竞赛有助于调动职工的积极性，推动工作任务的完成。但是，如

果指导思想不明确，单纯地追求成绩和得分，就会采取习惯性违章的做法。在他们看来，只要在工作任务的完成方面压倒对方，即可成为优胜者，因而，把"安全第一"置于脑后。这就告诉我们，企业在组织各项评比竞赛时，必须把安全作为一项重要评比竞赛条件。对出现习惯性违章行为的单位或个人，不论是否造成严重后果，都应给予扣分，甚至取消其参加评比竞赛的资格。

（7）在单独分散执行任务之时

单独执行作业任务，人员发生习惯性违章的频率要比集中执行作业任务的人员的频率要高些。究其原因，是因为他们离开了集体，放松了对自己的要求。有的以为"即使违章，也没领导看见，不会受处罚"。因此，对单独执行任务的人员，在交代任务的同时，一定要交代安全事项，并指定责任心强的人担当监护人，以防止习惯性违章导致事故。

以上只是列举了容易发生习惯性违章行为的一般时间、场合，实际上发生习惯性违章行为，起主导作用的是职工自身。一个职工安全意识和自我保护能力强，对自己要求严格，即使处在易于导致习惯性违章的时间、场合也不会违章。

⚠ 8. 员工典型违章心理及矫正

意识决定行为，任何行为都是意识的产物。有什么样的安全意识，就有什么样的安全行为。其实，在大多数情况下，很多员工都知道违章不妥，"三违"犯错，但是往往为了省事、侥幸、冒险、盲从、逞强等各种原因，还是明知故犯，一再违章，最终导致难以挽回的结局。这都是因为没有高度的安全意识，没有时刻把安全放在第一位，都是心理原因在作怪。这些违章违纪的心理正是安全意识薄弱的诱因。要全面彻底反违章，就一定不能纵容这些违章心理，而需要努力克服，尽力改善，提高反违章意识，才能变违章为遵章。

从众多事故案例分析来看，员工的违章心理主要有以下几种。

（1）麻痹心理

就是麻痹大意，这种心理是造成事故的主要心理之一。行为上表现为马马虎虎、大大咧咧、口是心非、盲目自信，相信自己的以往经验，认为技术过硬，保准出不了问题。按照常规的思路考虑问题，觉得没有什么危险，因而对可能导致的灾祸估计不足，或根本未有觉察。我行我素事事大意，最终会酿成大祸。

比如，某线路工区下达了一项 35 千伏南纺线 1 至 20 号登杆清扫检修任务，并明确交代面向杆号递增方向左线为 35 千伏南纺线，是停电线路；右线为南张线，是带电线路，要设监护人。第三组专责监护人陆某和工作人员陈某负责完成 7、8、9 号杆检修任务。当检修完 8 号杆向 9 号杆转移时，陆某沿着大路走，陈某却抄近路到达 9 号杆西侧并爬上杆。在此之前，陆某虽然考虑到自己应赶到陈某前，以便进行监护，但又一想陈某知道 9 号杆的所在位置，不会搞错，便失去了警惕性。而陈某上杆后，因头脑中已有停电检修的印象，所以没有仔细辨认是否是停电线路，就登杆。结果，他产生错觉，把南北方向搞反，误登上南张线的横担即触电从 14 米高处坠落，在坠落过程中又碰到下方导线，摔跌到地上，经送医院抢救无效死亡。监护人和作业人均由于麻痹大意，导致了这起事故。

这种心理上的麻痹大意是众多事故的重要根源，却是我们最容易忽略的心理因素。我们都听说过温水煮青蛙的故事，水从冰冷到温暖再到沸腾，青蛙经历的是从刺骨到享受再到死亡的过程，在麻痹大意中迎来死亡。在日常工作中，如果职工总是带着漫不经心的态度去工作，检查设备时敷衍，实际操作时精力不集中、不严格按照规程操作，能省力则省力，那么悲剧就必然会发生。就拿简单的穿戴工装和安全保护用品来说，有很多人认为这是非常小的事，根本不会涉及多大的安全，就经常麻痹大意，图省事，图好看，上班下班一样穿戴，最终导致事故还不自知。

工作服装不仅仅是一个企业员工的精神面貌，更重要的它还有保护生命安全和健康的作用。忽视它的作用，从某种意义上来讲，也就忽视了自己的生命。

（2）侥幸心理。

其表现是明知习惯性违章行为将会引起不良后果，但又感到"并非每次习惯性违章都会导致事故，以前这么干没出事，这次也不会出事。大风大浪都闯过来了，小河沟不会翻船。"每每在侥幸心理的驱使下，总有人铤而走险，自食其果。

比如，某火电公司在完成3号机高压缸扣盖作业中，宋某曾几次违反安全规章，在汽缸与跳板之间跨来跨去，侥幸没有出事，他的胆量越发大了起来。后来一次跨越时，宋某由于步幅不够，一脚踏空，坠落地面，走完了人生之路，侥幸心理使他"一失足成千古怨"。

有侥幸心理的作业人员在工作过程中，认为严格按照规章制度执行太过于烦琐或机械，未严格按照规章制度执行或执行没有完全到位，不是违章行为；并且认为即使偶尔出现一些违章行为也不会造成事故。而正是这种侥幸的心理的作用使事故一而再、再而三地发生。

某焦化厂备煤车间3号皮带输送机岗位操作工郝某从操作室进入3号皮带输送机进行交接班前检查清理，约15时10分，捅煤工刘某发现3号皮带断煤，于是到受煤斗处检查，捅煤后发现皮带机皮带跑偏，就地调整无效，即向 3 号皮带机尾轮部位走去，离机尾约 5～6 米处，看到有折断的铁锹把在尾轮北侧，未见郝某本人，意识到情况严重，随即将皮带机停下，并报告有关人员。有关人员到现场后，发现郝某面朝下趴在 3 号皮带机尾轮下，头部伤势严重，立即将其送医院，经抢救无效死亡。

从现场勘察情况推断，郝某是在清理皮带机尾轮沾煤时，铁锹被运行中的皮带卷住，又被皮带甩出，碰到机尾附近硬物折断，郝某本人未迅速将铁锹脱手，被惯性推向前，头部撞击硬物后致死的。郝某在未停车的情况下处理机尾轮沾煤，违反了该厂"运行中的机器设备不许擦拭、检修或进行故障处理"的规定，导致本起事故。

侥幸心理是安全工作的大敌，生产过程中的安全事故除了一些不可避免的客观因素外，很大程度上与管理者与员工的侥幸心理有关。

侥幸心理并不是人们不愿做出正确的选择，而是不知道怎样做出正确的选择，或者是不愿意接受在舒适、金钱等方面的微小损失，来避免将来可能发生更大损失的一种行为。

纵观侥幸心理，主要有以下几种表现：一是经验性侥幸，主要是指作业人员违背规定，凭着"老经验"和侥幸取胜，制度观念淡薄，有章不循，违章作业，盲目自信蛮干，而导致事故的违章行为。

二是技术性侥幸，主要是指作业人员由于业务素质、工作经验、操作技能等方面的原因导致事故的违章行为。

三是管理性侥幸，有些管理者或多或少存在这样的思想观念，即"经济利益高于一切"，所以有安全制度却形同虚设，有安全组织却只为生产服务，对安全制度"讲起来重要，做起来次要，忙起来不要"。一些安全管理者抱着这样一种侥幸心理："多少年生产就这么过来了，也没出过什么问题，不会就这么倒霉的，等忙过了这阵再抓安全的问题。"等忙过了，思想就更松懈了，忙的时候也平安过来了，忙完了还操心什么，有些小毛病也不打紧，不影响大局。殊不知这样的心理，正是许多安全事故发生的重大原因。

要克服侥幸心理，首先，要强化全员安全意识，切实提高每一位职工对安全工作的认识。牢固树立安全是企业效益和人命关天的大事，要以"99+1=0"的理念做好安全工作，只有在每个员工思想深处牢固树立"生产再重重不过安全，金钱再贵贵不过生命"的观念，才能从思想上、行动上杜绝侥幸心理，从而杜绝违章行为。

其次，要对安全工作做长期的、细致的检查工作。管理部门一方面要做好日常的安全检查工作，严格制定规章制度，规范职工安全行为，对事故和事故隐患坚决做到原因清、责任明、整改到位。进行经常性的安全教育，抓好各项规章制度的落实，制定事故重复发生的防范措施是解决侥幸心理的关键因素。

最后，还要加强对职工的教育培训，提高其业务技能，这是解决侥幸违章的根本措施。在职工技能培训时除了教其应当掌握的业务知识、操作技能外，还应当根据职工各自的工种进行事故危害和风险分析的培训，这将有助于职工识别设备或周围环境中潜在的硬件、软件故障和人的失误。

（3）自以为是心理

也就是逞能心理。具体表现：总认为自己有经验，有能力防止事故的发生，因而相信不良的传统或习惯做法。对习惯性违章未造成事故的经历，非但不以为耻，反而当成荣耀在人前吹嘘，甚至争强好胜，不顾后果，蛮干胡干。作业人员在生产现场工作时，不是凭借安全生产工作规程而是靠想当然，自以为是，盲目操作。还有部分作业人员自以为技术高人一等，按规定作业前应该到现场核实设备，但是自己认为熟悉现场设备和系统，凭印象行事，往往出现违章操作、误操作或误调度，造成事故。

有一次，某变电站李某和朱某两名值班员处理 10 千伏系统接地故障，试拉 568 开关，故障消除后送出。在返回值班室途中，李某突然想起还未拉开 568-5 刀闸，就独自一人返回现场。在无人监护、无操作票又不核对设备编号的情况下，伸手拉闸。误拉开正在运行中的 566—5 刀闸。该刀闸未装闭锁装置，引起弧光，使 10 千伏母线短路，母线及送出线全停。据事故后了解，李某平时就过于自信，根本没有把安全规程放在眼里，曾出现多次习惯性误操作。

实践证明，自以为是是导致习惯性违章行为的一个重要思想根源。

（4）求快图省事心理

又称为惰性心理、节能心理，是指在作业中尽量减少能量支出，能省力便省力，能将就凑合就将就凑合的一种心理状态，也是懒惰行为的心理依据。其主要表现就是干活图省事，嫌麻烦；节省时间，得过且过。比如为了赶进度，早下班，早休息，人为地改变或缩减作业程序，像腰绳该打死结，却打活结；该用绳索上下传递的重物，却用抛掷的办法乱扔。一时求快图省事，往往带来不堪设想的后果。

某磷矿化工厂磷铵车间磷酸工段化工一班操作工王某，在对磷酸工段盘式过滤机辅料情况进行检查时，致发生盘式过滤机翻盘叉、翻盘滚轮、导轨立柱、导轨挤压、辗压伤害事故，致王某左腰部、后背部挤压伤、双腿大腿开放性、粉碎性骨折，经抢救无效死亡。

经事故调查小组多次现场考证、比较、分析，一致认为死者王某自身违章作业是导致事故发生的直接原因。一是王某上班时间劳保穿戴不规范，纽扣未扣上，致使在观察过程中被翻盘滚轮辗住难以脱身，进入危险区域；二是王某在观察辅料情况时违反操作规程，未到操作平台上观察，而是图省事到导轨和导轨主柱侧危险区域，致使伤害事故发生。

（5）纪律观念淡薄

其具体表现：作业人员不服从指挥，各行其是，你做你的，我做我的。

某电厂发生的煤粉爆燃引起生产火灾，造成1人死，2人重伤，4人轻伤的事故，就是由于作业人员纪律观念淡薄，导致习惯性违章而造成的恶果。当时，在煤粉仓放粉前，虽然上下相互打了招呼，但互不理睬，各干各的，下部明知上部要放煤粉，却继续进行电火焊；上部明知下部在烧焊，也没等下部干完再放煤粉，都把安全当儿戏，无组织无纪律，安全事故当然无法避免。

这是绝对不行的，不守纪律哪来的安全？所以，要想安全就必须克服这种违章心理。

（6）逐利心理

就是单纯地追求金钱。企业制定奖勤罚懒制度是为了提高劳动生产率，但是个别作业人员（特别是在计件、计量工作中）为了追求高额计件工资、高额奖金以及自我表现欲望等原因，将操作程序或规章制度抛在脑后，盲目加快操作进度，而不是科学地改进操作程序。特别是在实行经济收入与工作任务直接挂钩的情况下，单纯追求金钱的思想，常常是导致习惯性违章行为普遍的思想因素。

（7）帮忙心理

在生产现场工作中，往往出现一些意想不到的事情，例如开关推不到位、刀闸拉不动等现象，操作者常常请同事帮忙。帮忙者往往碍于情面或表现欲望，在不了解设备的情况下，盲目帮忙操作，极容易造成事故。

某化肥厂机修车间，1号Z35摇臂钻床因全厂设备检修，加工备件较多，工作量大，人员又少，工段长派女工宋某到钻床协助主操作工干活，往长

3米、直径75×3.5厘米不锈钢管上钻直径50厘米的圆孔。28日10时许，宋某在主操师傅上厕所的情况下，独自开钻床，并由手动进刀改用自动进刀，钢管是半圆弧形，切削角矩力大，产生反向上冲力，由于工具夹（虎钳）紧固钢管不牢，当孔钻到2/3时，钢管迅速向上移动而脱离虎钳，造成钻头和钢管一起作360度高速转动，钢管先将现场一长靠背椅打翻，再打击宋某臀部并使其跌倒，宋某头部被撞伤破裂出血，缝合5针，骨盆严重损伤。

造成事故的主要原因是宋某违反了安全生产《禁令》"不是自己分管的设备、工具不擅自动用"的规定。因为直接从事生产劳动的职工，都要使用设备和工具作为劳动的手段，设备、工具在使用过程中本身和环境条件都可能发生变化，所以不分管或不在自己分管时间内，可能对设备性能变化不清楚，擅自动用极易导致事故。

不同的岗位有不同的安全要求和安全操作规程，乱帮忙只会出乱子。因而员工要克服"帮忙心理"，一定要充分认识到"不懂不会的忙千万不帮""别人岗位的忙千万不要帮""影响自己工作的忙千万不帮"，一帮就会出事，你这就是帮倒忙，而且极有可能是害人害己的倒忙，为什么要去帮？一定要记住，不乱帮忙才是真正的情谊，真正的帮忙。

（8）冒险心理

在生产过程中，可能会出现生产现场的条件较为恶劣的情况，如果严格按有关规程制度执行确实有困难，我们的作业人员不是针对实际情况，采取必要的安全措施，而是冒险去工作。冒险也是引起违章操作的重要心理原因之一。主要表现就是明知山有虎，偏向虎山行；还有的是受激情的驱使，有强烈的虚荣心，怕丢面子，硬充大胆。

（9）无所谓心理

表现为对遵章或违章心不在焉，满不在乎。有的员工根本没意识到危险的存在，认为章程是领导用来卡人的，不把安全规定放眼里；甚至还认为违章是必要的，不违章就干不成活，遵不遵守章程无所谓，关键是把活干好。这种心理其实是安全意识淡薄的重要体现。

（10）盲从心理

一些习惯性违章行为不是职工自己"发明"的，而是在工作中从工友、师傅甚至管理者身上"学"来的。他们发现工友、师傅违章作业既省时省力，又侥幸没有发生事故，就会有意无意地效仿，久而久之形成习惯，自己还没有意识到这种违章行为将给自己、他人带来伤害，给企业造成重大损失。

再就是从师傅那儿"传承"下来的。企业的培训制度，一般都是徒弟与师傅签定师徒合同，由于师傅带徒弟过程中，将一些习惯性违章行为也传授给徒弟，徒弟如果不加辨识，全盘接受，不仅成为习惯性违章行为的传播者，同时极可能成为违章事故的责任者或受害者。

（11）好奇心理

生产工作过程中，当运用一些平日难得一见的新设备、新装备时，出于好奇心理（严格讲是一种求知欲望），作业人员往往会自己动手实践一番，由于行为者对设备情况不熟悉、不了解，在这种情况下，极容易发生意外事故。

（12）排斥心理

一些职工在工作中喜欢墨守成规，认为旧的观念或经验在工作中管用、实用、省心、省力，从心理上排斥经过革新的新工艺、新操作方法，无论这种革新是建立在完善机制、促进生产的基础上，还是建立在提升安全指数的基础上，即使是被强制要求参加了培训，仍是"答得出百分卷，做不到百分事"，在实际工作中依然旧习不改，导致事故发生。

可见，违章心理因素很复杂，也很重要。要防止和减少违章行为，全心全意反违章，就必须从员工思想上入手，从心理因素上想办法，帮他们克服不良思想意识，牢固树立安全第一的思想，彻底改掉违章操作的坏习惯，才能从根本上安全起来。

第五章

杜绝违章违纪，从行为上把严事故预防的

『安全阀』

　　有一句安全警语：『违章操作就是自杀，违章指挥就是杀人』，千万别认为这是危言耸听，无数血淋淋的事故案例早已证实了违章违纪就是事故之源头、伤亡之祸首。违章不反，事故不绝。要控制事故，必须严反违章，从行为上把严事故预防的『安全阀』。

⚠ 1. 警惕违章指挥，违章指挥危害大

"三违"中危害最大的就是违章指挥，因为违章指挥造成的损失和伤害最大。违章指挥往往是决策性的失误，而非小错误，导致的后果也更为严重，往往是群死群伤性事故，因而反违章绝不能放过违章指挥。

某化工厂乌洛托品车间因原料不足停产。经集团公司领导同意，厂部研究确定借停产之机进行粗甲醇直接加工甲醛的技术改造。这天，在精甲醇计量槽溢流管上安焊阀门时，距溢流管左侧 0.6 米处有一进料管，上端与计量槽上部空间相连，连接法兰没有盲板，下端距地面 40 厘米处进料阀门被拆除，该管敞口与大气相通。精甲醇计量槽顶部有一阻燃器，在当时 35℃气温条件下，槽内甲醇挥发与空气汇合，形成爆炸混合物。但现场指挥员却根本没有把这些残余的气体放在眼里，违章指挥工人焊接。当工人对溢流管阀门连接法兰与溢流管对接焊口（距进料管敞口上方 1.5 米）进行焊接时，电火花四溅，掉落在进料管敞口处，引燃了甲醇计量槽内的爆炸物，随着一声巨响，计量槽槽体与槽底分开，槽体腾空飞起，落在正西方 80 余米处，形成一片火海，火焰高达 15 米。1 名电焊工用气割切割其上方连通槽的放空管道时，2# 甲醇计量槽突然发生爆炸，该电焊工当场被炸得血肉横飞。正在相隔仅 2 米远的另一槽上操作的 2 名工人受气浪冲击，被摔出 3 米多远，均受重伤。

经现场勘验和技术鉴定，酿成这起 1 死 2 伤重大伤亡事故的主要原因

是违章指挥，没有清除 2# 甲醇计量槽内的残余甲醇气体，加上用于切断甲醇槽与放空管的盲板不合格，被气割时加热的气体冲破，致使槽内残余的甲醇气体与空气混合在爆炸范围以内，遇到气割明火当即发生爆炸。

我们在安全工作中常常说这样一句话：违章操作等于自杀，违章指挥等于杀人，听起来似乎有些危言耸听，但事实就是如此。违章操作就很有可能引发事故，事故就极有可能伤人伤己，甚至送掉性命，那不就是在自杀吗？而违章指挥因为是团体作业，违章伤害的，不仅仅是自己，而是团队，是所有作业的人，那不就等于直接将工友的性命往虎口里送，不就是在杀人吗？不仅伤人，还会害己，所以违章指挥比违章作业的后果更为严重。

某钢铁集团公司发生一氧化碳泄漏事故，1 名 26 岁的工人死亡，31 名工人受伤入院。据调查，事故是因一号高炉发生膨料故障时违章指挥、盲目施救造成的。当时一号高炉出现膨料故障，下不了料，不能生产，现场指挥人员指挥五六名工人上去处理，却因为高炉膨胀，一氧化碳助燃剂自炉顶引孔泄漏，使工人发生中毒事故，其他工人得知情况后陆续赶去救援，现场指挥未加阻止结果导致事故扩大，造成 1 死 31 伤。

违章指挥，实际上是一种违反安全规程，不顾客观规律，不讲科学态度，随心所欲的蛮干行为，常常造成严重恶果。

某公司领工兼指挥任某，在组织吊装 1 号烟道过程中，不顾先吊起大头，后吊起小头，已无法使烟道就位的实际，不听取改变吊装方案的劝告，继续指挥起吊。结果，当烟道大头底沿吊起距烟道上面还差 0.3 米时，烟道大头侧两个吊鼻、一边主筋板吊鼻连同烟道 5 毫米厚铁板一起被拽下来，南侧的槽钢焊鼻头也落下。任某也随烟道下落，瞬间被抛出去，又被安全带拽了回来，头部撞在烟道上，伤势过重死亡。

所以，指挥人员一定要在保证安全的前提下，实施正确的指挥。不然，后果不堪设想。违章作业大不了伤了自己，给企业带来损失。违章指挥却是既害人，又害己，还害企业，导致的后果也更为严重，引发的事故也更为惨烈，不论是对自己还是对别人，造成的伤害也都更为可怕。

某电力安装分公司副经理姜某，就因为违章指挥，发生一起群伤事故，不仅使同事受伤，也毁了自己的前程。那天，送电一班接受将142号杆移位顺直的任务，8时许，天下起小雨，继而风雪交加，施工遇到困难。在工地的班长即用电话请示分公司经理刘某，要求停止工作。但刘某考虑尽快送电，便让副经理姜某带领二班去支援。姜某到现场后，既未交代任务，又未布置安全措施，便让大家干起来。结果在忙乱中电杆埋深不够而倒杆，造成两人重伤，两人轻伤。姜某被公司追责，丢了自己的副经理职位。

而另一位违章指挥造成群亡、群伤特大事故的常某，则是直接把自己送进了监狱。那是立完了10千伏线路18号电杆后，班组长常某带领全班安装此杆的横担。在施工中，常某让作业人员把一根新线绳的一端绑到杆的头部，下端绑到汽车尾部小横梁上，然后进入驾驶室，让司机开车。起车2米左右，由于拉绳没解开而将电杆从地面处拉折，左杆上作业的5人中，有3人死亡，1人重伤。常某因重大责任事故罪而被判处有期徒刑3年。

可见违章指挥危害更大，造成的影响和损害也比违章作业更为严重。所以，对于企业领导和现场指挥人员来说，安全责任更重，安全意识也需要提高，反违章意识也要更强，要更加慎重地对待和行使赋予自己的指挥权，才能真正做到照章指挥，正确指挥，保证现场安全，保护作业安全，防范事故的发生。

⚠ 2. 违章指挥的特点和原因分析

违章指挥可分狭义和广义两层意思。狭义的违章指挥是指负责人在指挥作业的过程中，违反安全规程的要求，按不良的传统习惯进行指挥的行为。广义的违章指挥是指决策人在决策过程和施行过程中，违反安全规程的要求，按不良的传统习惯进行决策和施行的行为。

违章指挥的特点有以下几点。

（1）隐蔽性

由于违章指挥往往发生在领导层或是指挥人员中，一般不是直接违章，不易被人注意，特别不易被人当时发现。身在险中不知险，如一名员工违章作业，某领导看见不纠正，当这个施工人员因违章发生事故进行事故分析时，往往只强调工人违章，而对这位领导的责任不予过问。

（2）普遍性

违章指挥现象相当普遍，只是不同的违章者所处的违章环境差异很大、表现形式不同而已。如有的是在会议室，有的是在作业（或操作）现场，有的表现在安全措施上，有的表现在文件、制度上。

（3）传染性

行为人在进行违章指挥时，就已经将这种违章行为在他人（主要是其下级）面前进行了传播。违章指挥多发生于领导层，而且一层影响一层。员工看班长，班长看主管，主管看项目经理……级别越高影响越大。主管不重视安全，班长就更不重视安全；主管不纠正违章，班长也不愿去"得罪人"；班长不纠正违章，员工就认为冒险作业是对的，这无形中对员工安全施工起到了潜移默化的误导作用。时间一长，员工不但不把冒险作业当作违章，而且有时竟当成工作"经验"。这种"示范性"的危害是相当严重的，员工的违章作业源于领导的违章指挥。上梁不正下梁歪，违章指挥不根除，违章作业也不可能杜绝。

（4）难防性

由于大多数习惯性违章指挥的行为人拥有一定的职务，有的还是安监人员的上级，这使很多安监人员不愿制止、不敢制止甚至不能制止。

（5）顽固性

领导层的违章指挥同员工的违章作业一样，是由一定的心理定式支配的，并且是一种习惯性的动作方式，因而它具有顽固性、多发性的特点，往往不易纠正。只要支配性违章行为的心理定式不改变，习惯性动作方式不纠正，违章指挥就会反复发生，直到行为人受到事故的惩罚。违章指挥既有很大的习惯性，又有很强的隐蔽性。而隐蔽性又对领导层违章的习惯性起到了很大的掩护作用，这就加剧了领导层违章的顽固性。

（6）危害性

员工的违章作业，可以直接导致事故的发生。违章指挥不但可以、甚至能直接导致恶性事故的发生，其危害比一般的违章作业更大更严重。当然，并不是所有的违章指挥都与事故发生有着立竿见影的关系。有的违章指挥虽然出现，但事故并不随之而来，如对上级文件传达贯彻不力，教育培训不认真，事故分析不符合要求等；有些时候却只要违章指挥出现，就有随时发生事故的危险，比如在高空作业的危险区域，安全带没有可挂之处，但又不采取措施；起重机械安全装置失灵，领导知道但不予处理，仍强令继续施工等。

违章指挥的危害是相当大的，后果也极为严重，因而更需要坚决杜绝。不然，就难免会引发事故，造成重大人员伤亡和经济损失。

⚠ 3. 典型违章指挥行为的纠正方法

违章指挥主要是指挥者和领导者违章，因而违章指挥行为的纠正主要就是针对指挥者和领导者的违章行为。作为领导者或指挥者自己，首先要杜绝自己的违章，先律己，然后才能律人，才能督促员工不违章，从而全面杜绝违章行为，保证安全。同时员工也要敢于抵制违章指挥行为，拒绝执行，并及时纠正指挥者的违章指挥行为。只有指挥者和作业者上下齐心，共防共治，才能杜绝现场违章指挥行为。所以针对一些典型的违章指挥行为，要做到及时纠正，提早预防。

（1）发现工人违章不及时纠正

【违章行为】某单位领导在现场巡视时，发现一名工人高处作业不系安全带，没有立即纠正，而是返回办公室给安监部门打电话，让安监部门前去处理。安监人员赶赴现场途中，那名工人不慎从高处坠落致伤。

【纠正方法】不论是领导干部还是一般员工，所有人都有遵章守纪的义务，都有发现违章及时制止并纠正的义务。安全工作（纠正习惯性违章）人人有责，不只是安监一个部门的事。反习惯性违章没有旁观者和局外人。发现习惯性违章行为不制止本身就是违章。

（2）不能保障工作场所的安全性

【违章行为】经常在门口、通道、楼梯和平台等处存放容易使人绊倒的物料。

【纠正方法】门口、通道、楼梯和平台等处，是人员行走和物料转运的必经之地。如果在这些地方放置物料，必然会阻碍通行，给工作带来不便。因此，不准在门口、通道、楼梯和平台等处堆放物料。应经常检查，发现通道等处放置物料应立即清除。

（3）非指挥人员进行指挥

【违章行为】某起重班在卸平车上的箱体时，吊钩碰到上层箱体的边缘，只好重新捆绑。这时，一名工人来到吊车前，见大家正在忙活，便跳上平车，连喊带比划，指挥司机继续绷绳。结果，发生溜绳，箱体被甩下来，他也随箱体摔到地面。

【纠正方法】应当讲清楚非指挥人员进行指挥存在的危险。非指挥人员严禁指挥。对非指挥人员进行指挥的，应立即劝阻并给予相应处罚。

（4）指挥斜拉吊物

【违章行为】某公司工地副主任指挥吊运锅炉护板。吊车离护板距离较近，本应移动吊车再起吊，他却指挥吊杆成45°，让吊车回钩，斜拉护板，造成吊车倾覆，一节吊杆弯曲。

【纠正方法】应当讲清楚斜拉吊物存在的危险，作为企业领导更应带头执行安全规程，严禁斜拉吊物。对指挥斜拉吊物的，工人有权纠正或拒绝作业。

（5）利用吊物上升或下降

【违章行为】有的指挥人员起吊重物时，竟站在吊物上指挥上升或下降。这样做很危险，如果立足不稳就会从吊物上坠落而受到伤害。

【纠正方法】应当讲清楚站在吊物上指挥的危险性，严禁工作人员站在吊物上指挥上升或下降。对站在吊物上的人员应立即劝止，并给予批评教育和处罚。

（6）脚蹬吊物指挥起吊

【违章行为】在吊装房屋面板时，有的指挥人员右脚蹬在最下面一块板上，左脚蹬在房架上，下令起吊。由于板已被吊起，右脚失去依托，从高处坠落死亡。

【纠正方法】指挥员在发出起吊信号之前，应检查吊物及周围是否危及个人和他人安全，严禁脚蹬吊物指挥起吊。对指挥人员的违章行为，任何人都有权纠正和拒绝执行。

（7）不符合安全规程，随意指挥

【违章行为】有些指挥人员特别是领导人员，自己不懂作业，偏偏胡乱指挥，还不允许作业人员拒绝，要求作业人员无条件执行违章指挥命令，最终导致事故发生。

【纠正方法】一定要提高指挥人员的安全意识，特别是领导人员，在不懂作业规程或是不清楚具体作业方法时，就不要去逞能瞎指挥，更不要自以为是地指挥，要学会把专业的事情交给专业的人员去做，不必事事都显得自己比别人高明。对指挥人员的违章行为，任何人都有权纠正。

当然，违章指挥还有很多表现，需要的是指挥者和作业者齐心协力，共同努力，抵制违章行为，杜绝违章指挥行为，防范违章指挥事故。

⚠ 4. 严反违章作业，违章作业就是自杀

纵观各类人身事故，不论大小，其罪魁祸首都是习惯性违章所为。每一例血淋淋的事故，无不让人触目惊心，违章作业使健康身体受到伤害，导致无法治愈的伤残，甚至会失去鲜活的生命；违章有时伤害的是自己，有时会伤害到他人，更有甚者则会伤及一群无辜人员，真可谓害人又害己。

某矿业公司推土机工王某加油后，发现44号推土机不能启动。班长刘某检查为电瓶缺电，决定采取勾车（将另一台车的有电电瓶和缺电车的电瓶相连接启动缺电车）的方法处理。因为44号推土机靠近油库，不便操作，刘某便驾驶36号推土机在44号推土机右侧，用铲子将44号推土机顶着向前行进了5米左右，这时，刘某听到油库工司某大声喊叫，就赶紧停车，停车后发现王某倒卧在44号推土机左侧履带前端地上。原来，刘某在推车前未发现王某在左侧履带后方，推车时把王某绞入履带与上方走台之间，使得王某随履带向前移至履带前端，身体受到挤压受伤，送到医院抢救无效死亡。刘某违反安全确认制的规定，违章贸然动车是这次事故发生的直接原因和主要原因。王某站在履带上操作，其违章行为也是这次事故的直接和主要原因。

某水泥有限公司生产二部包装工段巡检工孙某独自一人检查水泥自动装车机升降功能时，因违章操作，按错按钮，原本停滞的输送带开始转动，将其衣物卷入输送带与框铁间隙，致其受伤昏迷，后经抢救无效死亡。

某建材公司巡检工俞某独自一人来到原料车间库顶平台，查看石灰石原料输送皮带下料是否通畅。因一时疏忽蹬踩在传动装置上，被高速转动的液力机卷入受伤，后经抢救无效死亡。

某建材公司安全员陈某未进行危险作业审批，即带领检修人员对烧成车间窑头电收尘三电厂进行检修。在未使用接地放电、未用高验电灯验电的情况下，陈某直接进入三电场人孔门，被电场内残存电流击中受伤，后经抢救无效死亡。

……

数不清的事故是因为违章引发，触目惊心的伤亡更是违章的直接后果！违章的坏习惯如同一颗随时可能引爆的炸弹，只要点燃炸弹的导火索，便会瞬间酿成惨祸，这就等同于一名自杀者点燃身上的爆炸物或是将锋利的匕首刺向自己的心脏一样，是一种有意识的自杀行为！

为什么明知违章等于自杀,还是有那么多人违章呢?这不仅是因为他们缺乏足够的安全意识,更是因为一次违章并不一定会导致事故,要是每次违章,都会导致事故引起伤害,那就不会有人去干违章的傻事了。正因为一次不出事,两次不出事,三次、四次……多次之后就成了习惯,使违章行为者滋生了更多的麻痹大意和侥幸心理,最终把自己推向自我伤害的绝路。

漠视安全就是漠视生命,违章作业就是自我残杀!拒绝违章才是对生命的尊重和敬畏,才是对自己的珍惜和爱护,才是对安全的责任和态度!

⚠ 5. 谨守"三不"原则,杜绝违章作业

"不伤害自己,不伤害别人,不被别人伤害",是安全管理中的"三不伤害"原则,也是我国为减少生产中的人为事故而采取的一种互相监督、互相督促的安全生产原则。其实也就是"自己的安全自己负责,他人的安全我也有责,企业安全我要尽责"的理念,把反违章贯彻到每一个人的行动中去,群策群力,人人负责,共同维护安全。

(1)不伤害自己

不伤害自己,就是要提高自我保护意识,不能由于自己的疏忽、失误而使自己受到伤害。它取决于自己的安全意识、安全知识、对工作任务的熟悉程度、岗位安全技能、工作态度、工作方法、精神状态、作业行为等多方面因素。其实,我们每一个员工都不愿意自己伤害自己,只是由一些错误的意识驱动,造成自己伤害自己的后果,如侥幸心理会驱使人漫不经

心、铤而走险、贪图方便、凑合应付。违章作业习以为常，久而久之导致事故的发生，也伤害了自己。要做到不伤害自己，就要按照安全操作规程去操作，工作时要考虑一下自己的行为是否有可能造成伤害，也就是三思而行，任何时候都严格按照"安全规程"作业，任何时候都不能违章作业，并且要严格按要求佩戴劳动保护用品，在作业中知道如何保护自己，以达到不伤害自己的目的。

①保持正确的工作态度及良好的身体心理状态，保护自己的责任主要靠自己。

②掌握自己操作的设备或活动中的危险因素及控制方法，遵守安全规则，使用必要的防护用品，不违章作业。

③任何活动或设备都可能是危险的，确认无伤害威胁后再实施，三思而后行。

④杜绝侥幸、自大、省能、想当然心理，莫以患小而为之。

⑤积极参加安全教育训练，提高识别和处理危险的能力。

⑥虚心接受他人对自己不安全行为的纠正。

（2）不伤害别人

不伤害别人，就是要求在生产工作中，我们自己的行为不要给别人的工作留下任何安全隐患，更不能给别人造成伤害。这就要求我们在工作中要认真、细心地按安全操作规程进行每一项工作，并且要考虑自己的行为是否会对别人的安全构成隐患。

在多人作业时，由于自己不遵守操作规程，对作业现场周围观察不够以及自己操作失误等原因，自己的行为可能对现场周围的人员造成伤害。他人生命与你的一样宝贵，不应该被忽视，保护同事是每一个员工应尽的义务。每一个员工在工作中时时刻刻都要绷紧安全这根弦，严格遵守劳动纪律，坚持按章作业，在操作中不要有任何侥幸心理。

①每一个员工的活动随时会影响他人安全，要尊重他人生命，不制造安全隐患。

②对不熟悉的活动、设备、环境要多听、多看、多问，进行必要的沟通协商后再做。

③操作设备尤其是启动、维修、清洁、保养时，要确保他人在免受影响的区域。

④自己所知道的、造成的危险要及时告知受影响人员、加以消除或予以标识。

⑤对所接受到的安全规定、标识、指令，认真理解后执行。

⑥管理者对危害行为的默许纵容是对他人最严重的威胁，安全表率是其职责。

（3）不被他人伤害

不被他人伤害，就是要我们加强自身防范和自我保护能力，就是要员工对自己的工作环境的危险程度和可能出现的不安全因素做出判断，并运用自己获得的安全知识、技术，正确的操作方法，必要的手段及时化解危险。例如：在交叉作业时，要预见别人对自己可能造成的伤害，并做好防范措施。在进行电气设备拆装时，要防范别人误送电等。

①提高自我防护意识，保持警惕，及时发现并报告危险。

②经常把自己的安全知识及经验与同事共享，帮助他人提高事故预防技能。

③不忽视已标识的潜在危险，并尽力远离，除非得到充足防护及安全许可。

④纠正他人可能危害自己的不安全行为，不伤害生命比不伤害情面更重要。

⑤冷静处理所遭遇的突发事件，正确应用所学安全技能。

⑥拒绝他人的违章指挥，即使是上级领导所发出的。不被伤害是每一个人的权利。

"不伤害自己，不伤害别人，不被他人伤害"，是保证自己人身安全的重要途径。人的生命是脆弱的，变化的环境蕴含多种可能失控的风险，自己的生命安全不应该由他人来随意伤害。每一个员工都要树立强烈的自我保护意识。不仅自己不要有"三违"行为，还要及时发现和防止他人有"三违"行为，在作业中，要坚决抵制违章指挥，坚持不安全不生产，时刻保持警惕，形成"人人反违章，人人保安全"的态势，每个人都对别人的安全负责，对自己的安全负责，为别人的安全着想，为自己的安全着想，形成"我为人人，人人为我"的安全作风，在工作中做到"三不伤害"，保护自身安全也保护别人的安全，我们才能真正把反违章进行到底，把安全进行到底。

⚠ 6. 提高预防意识，减少错误操作

除了明知不可为而为之的违章行为会导致事故外，还有一些无心之失的错误操作，同样会导致事故。据研究表明，32% 的安全事故由作业人员操作失误引起。由误操作带来的事故非常多，而且误操作事故的危害还会远远高于违纪违章，因为误操作不是违章，而是任意而为，有时引发的事故是前所未有、前所未见的，连抢救都无从下手，其损失更是无法估量。因而误操作对于事故控制而言，就是一只拦路虎。要保证岗位安全，控制事故，必须先除掉这只拦路虎才行。要不然，就会引发重大安全事故。

某化肥厂在生产过程中，氢氮气压缩机操作工徐某，判断该机三段活门有问题，通知并征得当班班长同意准备停车更换，但在停车过程中，错误地先停掉主机，又没有按操作步骤进行，致使应关的 58 阀、86 阀、三

出阀未关。反而打开6回4阀，未开放空阀，关闭4进阀。在此情况下，导致12兆帕铜洗气串入该机四段进口阀后的低压管线，高压气体无回路造成低压管线压力猛增，使四段出口中压安全阀起跳2次后，紧接着四段进口阀爆炸引起易燃气体外漏，导致爆炸起火，造成徐某死亡，相邻的1名操作工被烧伤。

造成这起事故的直接原因，是氢氮气压缩机操作工徐某在停车过程中操作错误。造成事故的间接原因，是没有执行操作票制度。

在这起事故中，氢氮气压缩机的开车、停车操作，都属于基本操作，正常情况下不应该发生操作上的错误。但是，由于操作员的行为偏差，错误操作，因而引发了事故。

误操作是由人导致的，其关键原因当然是人。人是具有高等智慧的生物，以无可比拟的思维能力和创造力改造世界和创造历史，但人也常常会发生一些疏忽、错误、错觉以及行为偏差。这些生活中司空见惯的现象一旦出现在关涉安全的操作中，便会成为引发误操作事故的危险因素，甚至直接引发事故。

如听错调度命令、误解操作内容、誊错操作工作票、写错设备编号、看错设备名称等错误，或者在获得、传递、复制有关信息过程中产生误差，都有产生误操作的可能。有时由于责任重大、精神高度紧张，或是因为外界干扰、知识不够、自信不足时，都有可能会发生误操作。而且由于员工的经历、经验、技术水平和思想素质的不同也会在执行同一个命令时表现不同。例如，有过事故经历的人对规章就特别认真，刚参加工作的人因不谙深浅而表现出特有的谨慎，而一些自认为经验丰富技术老到的人则往往表现出不应有的懈怠。即使是同一个人，在不同时间、场合、条件下，在不同的心境、情绪、疲劳程度下执行规章的认真程度也难免有所不同。一不小心或是稍稍疏忽，就有可能引发大的事故，伤人伤己。所以，一定要提高安全意识，工作时集中注意力，遇事不慌乱，临危不糊涂，全面减少误操作的发生，杜绝误操作事故。

防范误操作主要要做好以下几点。

一是要加强员工的安全生产技术知识和安全技能教育。安全生产技术知识教育包括安全生产技术知识、工业卫生技术知识以及根据这些技术知识和经验制定的各种安全生产操作规程等的教育。内容涉及锅炉、受压容器、起重机械、电气、焊接、防爆、防尘、防毒、噪声控制等。

安全技能教育包括作业技能、熟练掌握作业安全装置设施的技能，以及在应急情况下，进行妥善处理的技能。进行大量相同的操作，这要求安全生产技能的教育实施主要放在"现场教学"，经过实际操作以达到熟练的要求。

二是进行标准化作业。这也是预防误操作的有效方法。标准化作业就是对每道工序、每个环节、每个岗位直至每项操作都制定科学的标准，全体职工都按各自应遵循的标准进行生产活动，各道工序按规定的标准进行衔接。实行标准化的目的，是要统一和优化生产作业的程序和标准，求得最佳的操作质量、操作条件、生产效益。采用标准化作业，是一项从根本上保证职工在劳动过程中安全和健康的重要措施。

三是提升自我安全意识。时时刻刻把安全放在第一位，高度警惕，全神贯注，减少误操作的发生。同时还要做好工作中的联系确认，多沟通，避免意外发生。

只要大家都从自身做起，认真负责，将麻痹大意赶出我们的思想，将习惯性违章赶出我们的工作，让严守规程、遵章守纪的思想和行为深深根植在我们的手中、我们的心中，就一定可以把误操作减到最少，让事故离我们越来越远。

⚠ 7. 典型违章作业行为的纠正措施

违章作业行为是安全生产中最常见的违章行为，如果不注意纠正，就会形成习惯，变成习惯性违章行为，以后很难纠正。所以，一旦发现违章行为，必须及时纠正，尽快改正。下面是员工常见典型的违章作业行为及纠正方法。

（1）起重作业常见违章行为及纠正

①非起重工绑系绳扣

【违章行为】一次起吊刚性梁，指挥者让非起重工绑系绳扣，由于绳扣不规范，起吊中，防止刚性梁滑落的木方碰到滑轮折落，动滑轮下降600毫米，将另一滑轮绑绳拉断，使动滑轮及走绳急剧下落，险些造成机毁人亡事故。

【纠正方法】应当讲清楚让非起重工绑系绳扣存在的危险。在起吊作业中，严禁非起重工绑系绳扣。对非起重工绑系绳扣的，应及时制止并处罚。

②没得到指挥信号，卷扬司机擅自松开溜绳

【违章行为】在更换高压门架吊车主钩钢丝绳时，卷扬机司机在没有得到吊车上部指挥信号的情况下，误以为上部已经固定好，便自行决定松开溜绳，使主绳突然溜绳，并带动防止溜绳的钢丝绳急速弹起，将一名工人弹伤。

【纠正方法】在作业中，必须听从指挥，按要求操作，绝不能自以为是，盲目操作。

③起吊时超重吊装

【违章行为】某起重班在组塔施工中，吊重为 5.9 吨，超重吊载 7.2 吨重物。当吊物接近位时，左侧横担刮在曲臂上端主材和背铁上。横担一颤，随即下落，将抱杆上拉线和磨绳冲断。

【纠正方法】在起吊作业中，严禁超载超重吊装，如发现超载超重吊装的现象，应立即纠正并严肃处理。

④吊件到位就贸然摘钩

【违章行为】某公司在吊装除尘器出口烟罩盖板时，盖板到位就摘钩，两分钟后右侧卡头焊缝开裂脱落，左侧卡头焊缝也断裂，使盖板向下翻转，落到 15 米高处，将 5 名工人砸伤。

【纠正方法】应当讲清楚吊件到位即贸然摘钩的危险。吊装的物件就位后，应检查是否稳固，确已牢固后方可摘钩，对不经检查吊物而贸然摘钩的，应及时劝阻并予以处罚。

⑤用吊斗、抓斗运载作业人员和工具

【违章行为】有的工人总想坐吊斗或抓斗过把瘾，找机会上吊斗或抓斗。有的司机也安全意识淡薄，随意用吊斗、抓斗运载作业人员和工具。这样做，极易引发人员摔跌、撞击等伤害事故。

【纠正方法】在安全规程中有"不准用吊斗、抓斗运载人员和工具"的规定，班组职工要互相监督。如果吊斗和抓斗里载人，司机应停止工作。对乘坐吊斗或抓斗的，应进行严肃的批评教育或处罚。

⑥修理正在运行的起重机

【违章行为】某厂龙门吊发生小故障，一名工人爬上龙门吊修理。他只顾作业，没有觉察龙门吊在缓缓移动。当龙门吊移动到 10 千伏线路下时，突然弧光一闪，他当即触电休克。

【纠正方法】应当讲清楚修理正在运行的起重机存在的危险。正在运行中的各式起重机，严禁进行调整或修理工作。同时，起重设备与带电线路（10 千伏）间距不应小于 2 米。

⑦在吊物下停留或通行

【违章行为】起重机悬吊着的重物下方，存在着重物下落和撞击的危险，禁止人员停留或通行。但有的工人心存侥幸，认为吊着的重物不会下落，停留或通行不碍事，因而习惯在吊着的重物下停留或通行。

【纠正方法】应当讲清楚在吊物下边停留或通过的危险性。对企图停留或通行的，应坚决劝阻。

⑧在运转的起重机械旁逗留

【违章行为】某起重工手拿撬棍准备撬车皮超高的装载物，没打招呼便来到正在运转的卷扬机旁。司机看到卷扬机旁边有人，连忙关闭卷扬机，但卷扬机仍在作惯性运转，将那名起重工刮倒，造成腰部伤害。

【纠正方法】职工们应明确：在卷扬机械运转期间，周围不得站人。如果需要在卷扬机旁工作，应打招呼，让司机把机械关掉后，方可近前。

⑨随意使用非起重工具进行起重作业

【违章行为】某分厂移位卸煤机平台时，作业人员没经过加固，即用两台导链将平台吊起。搬移过程中，一工人从卸煤机铁门未装闭锁装置处撑出身子，既没停车，也没注意到身后不到半米处就是牛腿。行至牛腿上部水泥垛子时，他的头部被挤撞死亡。

【纠正方法】应当讲清楚随意使用非起重工具进行起重作业存在的危险。严禁使用非起重工具进行起重。发现使用非起重工具进行起重的，应及时劝止。确需使用非起重工具起重的，应经过批准并采取稳妥的安全措施。

⑩在吊物摆动范围内剪断障碍致伤

【违章行为】某现场起吊钢管时，吊物下面被装车使用的钢筋拉住，吊车起吊后发生颤动。一名工人钻入车厢板与起吊的钢管隙中，用断线钳剪断这根钢筋。失稳的钢管立即向他摆去，使其严重撞伤。

【纠正方法】应当讲清楚位于摆角范围内剪断障碍物存在的危险，严禁在摆角范围内剪断障碍物，对违章操作者，应及时进行纠正。必要时，把起重物落下，剪断障碍物再起吊。

（2）机械操作常见违章行为及纠正

①不熟悉使用方法，擅自使用工具

【违章行为】有的职工不熟悉电气工具使用方法，却擅自操作电气工具，造成不良后果。比如提着电气工具的导线部位，因故离开工作场所或遇到临时停电时，不切断电源。这不仅会损坏电气工具，还有可能由于绝缘不良造成触电事故。

【纠正方法】很多机械工具都有具体的操作要求，不熟悉其使用方法的人员严禁操作使用。如果发现擅自使用电气、风动、焊接等专用工具者，应及时制止，并视情节轻重给予处罚。

②使用有缺陷的工具作业

【违章行为】有的职工使用大锤时，不进行检查，锤头已出现歪斜、缺口、凹入和裂纹，仍照常锤打，并且说："小毛病，不碍事。"

【纠正方法】工具有缺陷，不但妨碍作业，而且容易诱发伤亡事故。大锤歪斜就容易抡偏，击伤手臂，如果锤柄断裂锤头会飞出伤人。作业前，应认真检查大锤，不合格者严禁使用。作业中大锤出现缺陷，应立即更换。

③使用应设防护罩而未设的机械工作

【违章行为】有一位工人在打磨时，使用没有防护罩的砂轮，有人提醒他，他却说："只要自己注意，不会有危险。"结果砂轮碎裂，碎片崩出击伤了他的头部。

【纠正方法】安装用钢板制作的防护罩，能有效地阻挡砂轮碎裂时的碎块，保护自己和其他人员的安全。因此，禁止使用没有防护罩的砂轮。对使用未安装防护罩的砂轮的职工应及时制止。

④对投运的设备（包括机械锁）随意退出或解锁

【违章行为】投运闭锁装置（包括机械锁），是防止误操作事故的重要措施。但有的工人对已经投入运行的闭锁装置（包括机械锁），随意退出或解锁，这是不允许的，这样极易引起误操作事故。

【纠正方法】应当讲清楚所有投运的闭锁装置（包括机械锁），不经值班调度员或值班长同意，不得退出或解锁。如果有随意退出或解锁的，应立即纠正，并对责任人给予严厉处罚。

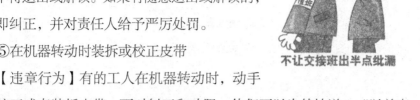

不让交接班出半点纰漏

⑤在机器转动时装拆或校正皮带

【违章行为】有的工人在机器转动时，动手进行校正或者装拆皮带，面对纠正和劝阻，他们不以为然地说："以前老师傅都这么做，我们这么做也不会出事。"

【纠正方法】装拆或校正皮带必须在机器停止时进行，否则有可能绞伤手指或手臂。班组管理人员要对违章操作者及时纠正，严肃查处。

⑥把手伸入机械的传输皮带遮栏内加油

【违章行为】输煤皮带加油的位置应安装在遮栏外面。但有的工人在输煤皮带运行时，仍旧把手伸进遮栏内加油，这样做是非常危险的，手有可能被输煤皮带绞伤。

【纠正方法】把手伸入遮栏内加油有可能使手被皮带卷入绞伤，严重的还会导致肢体伤残。对把手伸入遮栏内加油的，应给予批评教育和处罚。

⑦在机器未完全停止以前，进行修理工作

【违章行为】有的职工发现机器出现小故障，在机器未完全停止以前便进行修理，并且说："小故障，随手修理一下不影响工作。等机器完全停止，排除故障再重新启动，影响工作效率。"

【纠正方法】在机器未完全停止之前，不能进行修理工作。因为在机器完全停止之前进行修理工作，极有可能诱发事故，对违章操作者应及时纠正处罚。

⑧翻越栏杆，在运行的设备上行走或坐立

【违章行为】有的职工喜欢翻越栏杆或在运行的设备上行走或休息，认为"这是勇敢的表现"，有的铤而走险，甚至为此"一赌输赢"。

【纠正方法】栏杆上、管道上、靠背轮上或运行中的设备上，都属于危险部分，翻越或在上面行走和坐立，容易发生摔、跌、轧、压等伤害事故，应严格遵守劳动纪律，对违章者给予相应的处罚。

⑨移开或越过遮栏工作

【违章行为】有的工人在值班时，认为"高压设备已停电"便移开遮栏或越过遮栏工作。这是绝不容许的，如果设备突然来电，就会发生触电事故。

【纠正方法】应当讲清楚不论高压设备带电与否，值班人员都不得移开或跨越遮栏工作。需要移开遮栏工作时，必须与带电设备保持足够的安全距离，并有人在场监护。

⑩在机器运行中，清扫、擦拭或润滑转动部位

【违章行为】有的工人在机器运行中，清扫、擦拭或润滑转动部位，这样做非常危险，有可能导致手部或臂部被机器绞伤。

【纠正方法】在机器转动时，严禁清扫、擦拭或润滑转动部位，只有确认对工作人员无危险时，方可用长嘴壶或油枪往油盅里注油。讲解在机器运行中擦拭、清扫和润滑所引发的事故案例，从中吸取教训，对违章操作者及时纠正。

⑪将工具及材料随意上下抛掷

【违章行为】高处作业时，有的工人不是用绳索系牢工具或材料吊送，而是上下抛掷。这样做，不仅会损坏工具或材料，还容易打伤下方的工作人员。

【纠正方法】应当讲清楚将工具及材料上下抛掷的危险性，应采取绳索上下传递工具或材料。对违反规定的行为应立即制止，并给予相应的处罚。

（3）易燃易爆危险作业常见违章行为及纠正

①在工作场所存放易燃物品

【违章行为】把没用完的易燃物品随手放在工作场所的角落或走廊，准备下次再用。

【纠正方法】在工作场所存放汽油、煤油、酒精等易燃物品既会污染工作环境，还容易引起燃烧和爆炸。因此，禁止在工作场所存储易燃物品。作业人员应准确估算领取的易燃物品。领取的易燃物品应在当班或一次性使用完，剩余的易燃物品应及时放回指定的储存地点。对随意在工作场所存放易燃物品的现象，一经发现必须严肃处理。

②不对易燃易爆物品隔绝便开始电、火焊作业

【违章行为】在进行电、火焊作业时，对附近的易燃易爆物品必须采取可靠的隔绝措施。但有的焊工明知附近有易燃易爆物品，却不采取隔绝措施，结果在从事电、火焊作业时焊花飞溅，将易燃易爆物品点燃，引起火灾。

【纠正方法】班组长应当为职工讲明白，对易燃易爆物品不采取隔绝措施，便开始电火焊作业的危害性，在从事电火焊作业时必须办理相关工作票，对现场存有易燃易爆物品，采取可靠的隔离措施后方可作业。

③照明灯距离易燃物过近

【违章行为】某工地用一间板房做仓房，放置施工使用的工器具、材料和抹布等，并在屋顶板上设一盏照明灯。一名工人进仓房取工具后忘记关灯，致使照明灯释放的热度烤燃了距离很近的一批抹布而起火。

【纠正方法】照明灯距离易燃物不能过近，否则，容易把易燃物烤燃。对屋顶照明灯，应经常进行检查，看是否处于安全状态。

④在带电体、带油体附近点火炉或喷灯

【违章行为】有的工作人员在给喷灯点火时，不注意观察周围环境是否允许，在带电设备、带油体附近点火，结果导致火灾。

【纠正方法】在点燃喷灯时，必须在安全可靠的场所，严禁在带电带油体附近点燃。对在带电带油体附近点火者，应立即加以制止，并给责任人以批评或处罚。

⑤在制粉设备附近吸烟

【违章行为】很多有机粉尘是易燃易爆物品，制粉设备场所必须严禁

烟火。但有的工人不以为然，竟在制粉设备附近点火吸烟。这样做，很容易引燃粉尘，甚至爆炸。

【纠正方法】应当讲清楚楚在制粉设备附近吸烟的危险性，严格遵守"严禁烟火"的有关规定。对在禁烟场所吸烟者，应立即制止，并予以处罚。

⑥把易燃易爆物放入衣兜或怀里携带

【违章行为】在从事爆破工作时，有的工人把炸药和雷管放入衣兜或揣在怀里，带往施工现场。这样做很不安全，一是容易遗失，二是如果受到挤压，很可能引起爆炸。

【纠正方法】安全工作规程规定雷管、炸药必须分别保管，应当讲清楚携带炸药和雷管必须专人负责，指定专用工具存放，严禁装入衣兜或揣入怀内，违者从严处罚。

⑦擅自销毁爆炸物品

【违章行为】某工区爆炸杆塔基础作业结束后，还剩一支雷管。一名工人欲将其处理掉，他从别人手中拿过正在燃烧的导火线，误将燃烧的一头插入雷管，当即引爆，将其右手三个指头各炸断一节。

【纠正方法】应明确个人不得擅自处理销毁爆炸物品，对违反规定、擅自处理销毁爆炸物品的，应进行严肃的批评教育和处罚。

⑧在易燃易爆场所明火照明

【违章行为】某发电厂一名值班员下到水泵室去检查设备和观察水位时，因照明灯离泵室地面较高，又忘带防爆手电筒，看不清水位，便划火柴照明，只听"轰"的一声，身旁的一小桶汽油产生爆燃，这名值班员被严重烧伤。

【纠正方法】应当讲清楚在汽油等易燃易爆场所明火照明的危险。在存有汽油等易燃易爆物品的场所，严禁明火照明。对明火照明的，应及时制止。

⑨穿钉有铁掌的鞋子进入油区

【违章行为】油区有严格的防火措施。进入油区的工人，应进行登记，交出火种，不穿钉有铁掌的鞋子。但有的工人却认为"穿钉有铁掌的鞋子进入油区，不会出事"。他们不了解，钉有铁掌的鞋子与水泥地面或铁器摩擦，容易发出火花，引起爆燃。

【纠正方法】应当讲清楚进入油区的有关规定，让职工严格遵守。同时要严格检查，发现穿有铁掌鞋子者，不准入内。

⑩用箍有铁套的胶皮管卸油

【违章行为】有的工人在卸油时，不认真检查是否安全可靠，竟把箍有铁套的胶皮管或铁管接头伸入卸油口。被制止后，他们却说："胶皮管不导电，为什么不让使用。"其实，使用箍有铁套的胶皮管或铁管接头，碰击时会迸放火花，极易将油点燃。

【纠正方法】应当讲清楚楚使用箍有铁套的胶皮管或铁管接头卸油存在的危险，卸油时，严禁将箍有铁套的胶皮管或铁管接头伸入卸油口。对违反规定的，应立即劝止并给予批评教育和处罚。

⑪不采取防护措施便直接搬运危险物品

【违章行为】搬运装着浓酸或浓碱溶液等危险品装置时，有的工人采取肩扛、背驮或怀抱的方法。这样做非常危险。如果滑落将会被砸伤，如果溶液溢出，人体会被灼伤。

【纠正方法】应当向职工讲清楚用肩扛、背驮或怀抱的方法搬运危险品存在的危险性，禁止使用这些方法搬运。发现有人肩扛、背驮或怀抱搬运时，应立即劝止并纠正。

⑫火焊切割前不彻底清洗装有易燃品的物品

【实例】某发电厂一名工人在用火焊切割盛装氯丁胶（黏合剂）的铁筒时，没作彻底清洗，先用火点燃筒盖作试验，没点着，便去切割。作业中，筒里的残渣起火爆燃，一声巨响，将筒底崩离10多米远。

【纠正方法】应当讲清楚火焊切割装有易燃易爆品的物品之前，须对其进行彻底清洗，不能留有残渣。

（4）封闭场所作业常见违章行为及纠正

①随意进入井下或沟内工作

【违章行为】有的工人发现电缆沟、输水沟、下水井或排污井故障，未做好安全措施就盲目地入内排除，结果因地沟或井下通风不良而窒息。

【纠正方法】应当讲清楚进入电缆沟、下水井或排污井内工作，必须经过运行班长许可。工作前，必须检查这些地点是否安全，通风是否良好，有无瓦斯存在，并设专人监护。未经许可不得进入井下和沟道内工作。

②用燃烧的火柴投入地下室内作检查

【违章行为】在检查地下室有无有害气体时，有的工人不是使用专用的矿灯或小动物，而是用燃烧的火柴或火绳投入室内。这样做，如果地下室内有瓦斯等气体，就会引起爆炸。

【纠正方法】应当讲清楚把燃烧的火柴等投入地下室作检查存在的危害。作检查时，应采取正确的方法。发现有人向地下室投燃烧的火柴或火绳时，应立即劝止，并给予批评教育。

③阀门井内作业，竟用氧气通风驱烟

【违章行为】某厂在近年内连续两次发生在阀门井内作业，工人随意用氧气通风驱烟，造成作业人员烧伤事故。

【纠正方法】应当讲清楚在阀门井内作业时，用氧气通风驱烟易引起爆燃的后果，严禁阀门井内作业用氧气通风驱烟。

④监护人同时担任其他工作

【违章行为】在容器、槽箱内工作时，外面设有监护人，如果监护人不注意观察或倾听容器内、槽箱内工作人员的情况，而是从事其他方面的工作，就是严重的失职。如果容器或槽箱内人员发生险情，监护人不能及时发现和救护，就会导致人员伤害。

【纠正方法】应教育监护人增强责任感，集中精力做好监护工作。对监护人不能分配其他工作，确保专人做好监护工作。

（5）登高作业常见违章行为及纠正

①肩扛重物攀登移动式梯子或软梯

【违章行为】在作业中，有的工人肩扛重物，攀登移动式梯子或软梯，因荷重失稳，从梯子滑落或从软梯上坠落而致伤。

【纠正方法】应当讲清楚肩扛重物攀登移动式梯子或软梯存在的危险性，严禁肩负重物登梯，对肩负重物登梯者应立即劝止。

②高处抛物，不计后果

【违章行为】某吊车司机在高处清扫吊车跑道时，发现跑车走台上有2根槽钢（14毫米×6.5毫米，长5米，重40千克），就随手往17.5米平台扔去。第一根槽钢落在了平台上，第二根槽钢被弹出到地面，将正在作业的一名工人击中致死。

【纠正方法】所有人员都应明确，严禁从高处抛物，发现有抛物的现象，应立即制止。

③高处传递物件不系牢

【违章行为】在安装铁塔附件时，一名作业人员往下松双钩紧线器，同时用小绳的另一端把防震锤带上去。由于小绳未系牢，双钩紧线器落地后，防震锤坠下，砸在这名工人脚上。

【纠正方法】应明确用小绳传递物件时，必须把绳扣系牢。系绳扣时，应认真检查物件是否捆绑牢固。

④在高处作业下方站立或行走

【违章行为】在安装铁塔防震锤时，一名作业负责人在地面行走，防震锤突然下落，砸在他的安全帽上，导致头部受伤。

【纠正方法】安全工作规程规定：高处作业时，下方不得有人站立或行走。作业人员应互相监督，对违反规定，在高处作业下方站立或行走者，及时劝阻。

⑤高处作业时随意跨越斜拉条

【违章行为】在高处作业时，有的工作人员不是按规定的路线行走，而是走近处，从斜拉条上跨越。有可能一脚踏空，从高处坠落伤亡。

当心塌方

【纠正方法】在高处作业不得随意跨越，并需系好安全带。对胆大妄为或麻痹大意者的违章行为，应及时纠正与处罚，并帮助他们增强安全观念。

⑥在高处平台上倒退着行走

【违章行为】在高处平台作业时，有的工作人员手拿氧气带和乙炔带割把，倒退着行走，只注意观察手拿的物品不被刮住，却忽视观察身后的预留口，导致失足坠落，造成伤害。

【纠正方法】在高处平台作业时，应一丝不苟地落实防护措施，树立牢固的安全意识，一举手一投足都要小心谨慎，以防万一。

⑦冒险在 T 型单梁上行走

【违章行为】某工程现场，在锅炉安装过程中，一名工人为其他小组人员递送梅花扳手，为走捷径，冒险在 T 型单梁（宽 160 毫米）上行走，不慎坠落于地面。

【纠正方法】应当讲清楚在单梁上行走存在的危险，严禁在单梁上行走。高处作业人员必须系好安全带。对欲在单梁上行走的，应立即劝阻。

（6）电气作业常见违章行为及纠正

①非电工接电源

【违章行为】有的工人不是电工，却去接移动式电源箱的电源。因为不懂电的基本知识，误将黑色接地线接在 A 相火线上，使电源箱外壳带电。当其用手去扶电源箱时，当即触电倒下。

【纠正方法】所有的职工都应明确，严禁非电工接电源。发现非电工接电源时，应立即制止，并给予批评教育和处罚。

②非电工冒险移动电源盘

【违章行为】某公司搭设电锯操作间时，需对场地进行清理。现场恰有一块碍事的闲置的电源盘需要转移。一名工人（非电工）误认为电源盘无电,用铁剪子剪电源盘电缆,当即触电身亡。

【纠正方法】应当讲清楚非电工移动电源盘的危险,不论有电无电,严禁非电工移动电气设备。对非电工冒险移动电源设备的,应立即劝止并从严处罚。

③不带工作票盲目作业

【违章行为】一次,在清扫10千伏配电变压器台时,工作负责人不带已签发的工作票进入现场,不验电就在高压母线上挂了一组短路接地线,又手拿抹布,从高压侧登上去,双手挥着变压器高压倒A、B相套管,使前胸起火,从1.9米高的变压器台上摔下。

【纠正方法】工作票是电气作业的行动指南,也是保障安全的重要措施。在作业开始前,工作负责人应宣读工作票及安全措施,并按工作票的要求进行作业。对不带工作票即展开工作的,工人有权拒绝作业。

④忽视检查,使用带故障的电气用具

【违章行为】电气用具在使用前,必须进行认真检查。但有的职工却说:"昨天使用时一切正常,再重新检查没啥必要。"

【纠正方法】由于忽视检查,常使电气用具存有故障而无法察觉。比如,电线漏电、没有接地线、绝缘不良等,既有碍作业,又存在发生触电的危险。因此,绝不能忽视对电气用具的检查。使用前必须检查电线是否完好、有无可靠接地、绝缘是否良好、有无损坏,并应按规定装好漏电保护开关和地线,对不符合要求的不能使用。

⑤电气设备不接地漏电

【违章行为】某发电厂一名工人下到磨煤机油泵坑检查油压表。坑底有12厘米深的积水,正在用潜水泵抽水。因未接接地线,潜水泵漏电,他触电摔倒在地面。

【纠正方法】应当讲清楚电气设备不接接地线存在的危险。电气设备必须接地,没有接地的不能使用。

⑥用缠绕的方法装设接地线

【违章行为】在装设接地线时，有的工人用缠绕的方法，把接地线缠绕在导体上。这样做严重违反安全规程，缠绕不当，容易使接地线失去作用而导致触电事故。

【纠正方法】应当讲清楚用缠绕的方法进行接地的危害性，采用专门的线夹，把接地线固定在导体上。发现有缠绕接地线的现象，应立即纠正，并给予责任人批评教育或处罚。

⑦检查不认真，误登带电设备

【违章行为】某供电局在清扫主变压器回路中，一名工人原准备向1号主变压器搬动扶梯，却放在2号主变压器带电侧，登梯清扫时两手触电被严重灼伤。

【纠正方法】停电作业时，应对作业现场进行认真检查，核对线路名称、杆号及色标，核对、查看设备的排序，并设围栏予以封闭，确实明确作业地点及设备方可作业。同时监护人应加强监护，防止作业人员误登带电设备触电致伤。

⑧与带电部位安全距离小

【违章行为】某公司在放线跨越施工中，与邻近的带电导线只有1.5米的距离（按规定应大于4米），当牵引联板通过放线滑车时，联板将悬垂串拉斜扬起引起跳动，使牵绳与带电导线发生瞬间放电，3名工人被电击倒，还造成邻近的带电导线停电40分钟。

【纠正方法】应当讲清楚与带电部位安全距离小存在的危险。作业时，与带电部位的安全距离必须保持在安全规程规定的范围内。作业前，应认真检查和测量安全距离是否合适。

⑨监护人暂离作业现场未指定临时接替人

【违章行为】某变电所在一次检修时，监护人被指派去库房取绝缘杆，临走时，监护人分派了工作，没有指派临时监护人。致使一名工人送扳手返回时，误登有电的主变压器二次开关A相触电坠地。

【纠正方法】应认清监护人暂离作业现场不指定临时接替人存在的危险。监护人必须始终在工作现场，因工作需要暂时离开现场时，应指定能够胜任的人员临时接替，电气作业没有指定监护人的，应停止作业。

⑩在室外地面高压设备上工作时，四周不设围栏

【违章行为】有的工人在室外地面高压设备上工作时，认为"工作时间不长，并且有人在场，不会有问题"，因而四周不设围栏。一旦有人误入禁区，接触高压设备便会触电。

【纠正方法】应当讲清楚在室外地面高压设备上工作时，不设围栏存在的危险性。工作时,四周应立即用围网做好围栏,并悬挂相当数量的"止步！高压危险！"的标识。对不设围栏的，让其将围栏设好再开始工作，并给予批评教育或处罚。

⑪雷雨天气不穿绝缘靴，巡视室外高压设备

【违章行为】雷雨天气巡视室外高压设备时，必须穿绝缘靴，并不得靠近避雷针和避雷器。但有的工人却不穿绝缘靴巡视室外高压设备。这是十分危险的，有可能被雷电击伤。

【纠正方法】应当讲清楚穿绝缘靴在雷雨天巡视室外高压设备的必要性。对雷雨天巡视时不穿绝缘靴的，应及时劝阻，让其把绝缘靴穿上。不穿绝缘靴者，不能进行雷雨天室外高压设备的巡视。

⑫约时停用或恢复重合闸

【违章行为】有的工人在电器设备作业时，与值班员约时停用或恢复重合闸，这样是十分危险的，如果到了时间恢复送电，作业未完仍在进行，就会发生触电事故。

【纠正方法】应当讲清楚约时停用或恢复重合闸存在的危险性，严禁约时停用或恢复重合闸。带电作业结束时，向调度汇报后，并检查现场无人时，方能恢复重合闸。对约时停用或恢复重合闸的，应立即纠正，并给予责任者相应的处罚。

⚠ 8. 违反劳动纪律行为表现及纠正方法

劳动纪律是用人单位制定的劳动者在劳动过程中所必须遵守的规章制度。劳动纪律是组织社会劳动的基础，是保证劳动得以正常有序进行的必要条件。

违反劳动纪律，是事故发生的重要原因之一。主要是因为对工作不负责任，自律意识差，安全意识淡薄，具体表现为：上岗上班期间擅自脱岗、睡岗、串岗；班前班上喝酒；在禁止吸烟区域吸烟；在工作时间内从事与本职工作无关的活动；未经批准任意动用非本人操作的设备和车辆；无证违章操作；滥用机电设备或车辆等。如果平常已经习惯了自由散漫、为所欲为，根本不把纪律放在眼里，明知是违纪行为也置之不理、我行我素，事故当然就不可避免。

擅自脱岗、离岗、睡岗行为都是严重违反劳动纪律的违纪行为，是任何一个员工都不应当犯的错。你的岗位就是你的职责，应当在岗时却脱岗、睡岗，怎么能避免事故的发生？此类案例很多，教训也极其深刻。

一家农业科技公司厂房内正在正常生产，下午14时许，掺混车间投料工张某违反劳动纪律，工作期间躺在掺混车间吨包皮（复合肥原料包装袋，吨包皮为布质可重复使用）码垛上睡觉。

叉车工刘某驾驶具有吊车使用功能的叉车，把吊着的一网兜内盛装的40袋复合肥（每袋重50公斤，合计重量2000公斤）直接放置在张某睡觉的吨包皮码垛之上。

稍后，刘某发现刚刚被压扁的吨包皮码垛背面露着两只人脚，于是立即吊起货物，将压在底下的张某救出，并向单位领导报告和拨打120，随后经理安排人员将张某送往医院，在途中遇到向现场赶来的120救护车，经医护人员抢救无效后死亡。

事故发生的直接原因：投料工张某安全意识淡薄、违反劳动纪律，在工作期间私自躺在吨包皮码垛上睡觉。间接原因：公司落实安全生产责任不严，没有严格执行各项安全生产制度和操作规程，安全管理措施执行不力，导致员工安全生产意识淡薄，违反安全生产制度和操作规程；作业现场安全管理不到位，公司安全管理人员安全管理职责履行不到位，致使张某私自躺在吨包皮码垛上睡觉无人知道和制止。叉车工刘某违反操作规程作业，对作业环境观察不足，卸放货物无人指挥，也是导致此次事故的间接原因。

躺在码垛上小睡一会儿看起来真不是什么大事，但违纪的结果却是如此严重。但是，在工作中，这样的违纪行为却并不少见。甚至有些员工根本不在意这些行为，认为离岗一会儿，能有什么事？离开或是睡一会儿，就会出事？这也太巧了吧？但世界上还真就有这样的巧事，真就会发生重大的安全事故！

千万不要认为"反正没事，我睡一会儿还能养足精神"，在岗一分钟，就要保证安全六十秒，在岗就要负责，绝不能把这些当成小事。因为这些看似平常的小事，有时恰恰就是至关重要的那一点，就会导致重大事故的发生，就会造成不可挽回的后果，后悔也来不及。

要防范因为违反劳动纪律而引发的安全事故，当然首先要杜绝违反劳动纪律的情况发生。对于典型违反劳动纪律的行为，更要严格制度，加强措施，坚决纠正和杜绝，保证安全生产，防范事故的发生。主要有以下方面，需要现场及时纠正。

（1）在不坚固的结构上工作

【违章行为】登高作业时，有的工人不注意检查所登的物体是否坚固，有的工人在石棉瓦的屋顶部作业未采取防坠措施，结果石棉瓦坍塌，人员被摔伤。

【纠正方法】在作业前，应认真检查所处的环境是否坚固。如果不坚固，应选择坚固的物体。发现有人在不坚固的物体上作业时，应及时提醒让其停止作业，采取牢靠的安全措施后再作业。

（2）工作后不能保持良好的现场面貌

【违章行为】在工作现场随意堆放工器具和用料，每天工作结束前，不进行工器具和物料的清整与摆放，不打扫工作场所即下班。

【纠正方法】良好的作业环境是保证安全生产的重要条件，工作现场的工器具和物料摆放无序，地面不整洁，不仅会给正常工作造成不便，而且还可能伤害作业人员。应依据安全规程要求，督促并教育职工养成保持作业现场整洁、文明生产的良好习惯。

（3）作业时与他人闲谈

【违章行为】某发电厂2号炉司炉在工作时，与他人闲谈，不去观察计表的变化。当发现炉膛负压突然增大后，未采取补救措施，导致锅炉灭火。

【纠正方法】应当讲清楚工作时与他人闲谈的危害，要求工人严格遵守运行纪律，集中精力工作，严禁工作中与他人闲谈。

（4）将消防器材移作他用

【违章行为】有的工作人员在开门后随手用灭火器挡门或移动灭火砂箱作登高物。

【纠正方法】消防器材平时储放于生产厂房或仓库内，一旦着火时用以灭火。随意把灭火器材移作他用，会损坏它的性能；如果不归放原处，起火时手忙脚乱，找不到灭火器材灭火，会造成更大的损失。应经常检查消防器材是否妥善保管，如发现移作他用应立即整改。

（5）阀门不严漏水，往乙炔罐内填放电石

【违章行为】某工人发现乙炔发生器水门关闭不严漏水，就用钢撬撬一些碎电石放进乙炔罐里。就在一瞬间，罐内产生的乙炔气体发生爆炸，这名工人被爆炸气体抛出2米多远，身体被严重烧伤。

【纠正方法】应该明确：当发现阀门不严漏水时，应进行检修，不能往乙炔罐内填充碎电石。因为倒入碎电石会产生乙炔气体，与空气混合即会引起爆炸。应加强监护，对违反规定者，应及时制止并给予相应的处罚。

（6）把没有熄灭的烟头扔进吊车驾驶室

【违章行为】某吊车司机下班前，把没有熄灭的烟头扔进驾驶室里。借助风力，这根烟头点燃了油布、棉纱等物。火又从窗口和各缝隙间窜出，引燃设备，造成设备一片火海。

【纠正方法】应经常进行防火安全教育，使每个职工严格遵守"施工重地、严禁烟火"的规定，不准在施工场所吸烟。对违反规定吸烟或扔烟头者，给予严厉处罚。

（7）从事切割作业之前，不清理现场

【违章行为】某钳工班工人到厂房内切割钢筋，未清理现场，掉落的铁屑和火花溅到附近的一堆木屑上，引起火灾。

【纠正方法】应对职工加强危险意识教育，从事切割作业之前，应首先清理现场，清除作业环境中的不安全因素。对不清理现场即从事切割的工人，应立即劝阻停止工作并予以处罚。

（8）非信号人员操作电梯信号

【违章行为】在冷却塔施工中，有一名工人进入塔上电梯信号房，见信号员打水离开，擅自操作电梯信号。这时，听到电梯的信号铃响，他见电梯里没人，就回了信号。电梯迅速下降，把一名正在从电梯走出的工人挤伤。

【纠正方法】必须明确，严禁非信号员操作电梯信号。信号员不得把电梯交非信号员使用，非信号人员应自觉遵守规定，不得擅自操作，对信号员托付使用的，应予以拒绝。发现非信号员操作电梯信号的，应严肃批评教育和处罚。

（9）高处传递物件不系牢

【违章行为】在安装铁塔附件时，一名作业人员往下松双构紧线器，同时用小绳的另一端把防震锤带上去。由于小绳未系牢，双钩紧线器落地后，防震锤坠下，砸在这名工人脚上。

【纠正方法】应明确，用小绳传递物件时，必须把绳扣系牢。系绳扣时，应认真检查物件是否捆绑牢固。

（10）储料斗整体组合时，随意割掉斜撑杆

【违章行为】某班工人对储料斗进行整体组合时，费了很大劲，两侧立板仍与底板两边相差较大。他们认为这是因为拉筋和斜撑杆的作用，使侧立板不能到位。于是，就用火焊将2根直拉筋和6根斜撑杆全部割掉。结果，在移动时，两侧立板倒塌，将一名作业人员压伤。

【纠正方法】应了解直拉筋和斜撑杆是防止倾斜坍塌等失稳作用的，不能随意割掉。如果它们确实妨碍就位，应报告工程技术人员调整作业方案并采取可靠的防止失稳措施。

（11）用绳索溜放木脚手杆时，大头朝下绑扎不当

【违章行为】某施工现场用小绳溜放一根10米长的木脚手杆时，让木脚手杆大头朝下，因绑扎方法不当，绳扣逐渐移向小头松脱以至无法控制，使木脚手杆从20米高处掉下，将下面收拾工具的人员砸伤。

【纠正方法】应明确在无可靠安全措施时，严禁在重物垂直下方作业。绑扎长细木脚手杆时绳扣应绑扎两点以上。两头直径不同的杆件，绳扣中心应靠近大头一侧，使小头先下，以防绳套脱开。系完绳扣后，要认真检查是否牢固，不合格的，应重新系好。

（12）从井架外侧攀爬上下

【违章行为】在烟囱水塔施工时，有的作业人员不在烟囱水塔内侧上下，而是从外侧的井架上攀爬，因体力不支失手坠落。

【纠正方法】应教育所有作业人员明确，必须在烟囱水塔内侧的通道上下，决不允许从外侧攀爬，发现有从外侧攀爬者，应立即纠正并严厉处罚。

（13）接受命令后不作复诵即操作

【违章行为】某发电厂在将线路 656 号断路器断开作业中，一个工人接到命令后，不作复诵，就走到更衣箱处换衣服，然后在无人监护情况下，走向 66 千伏变电所，误拉 636 东隔离开关。在拉隔离开关中发现有强烈的弧光，才发现拉错了。

【纠正方法】应当讲清楚接受命令后不作复诵即操作存在的危险。在作业中，应执行唱票复确制以明确任务，不得在无人监护下擅自操作。对不作复诵的，应及时纠正并严厉处罚。

第六章

清除安全隐患，消除一切引发事故的『可能性』

隐患是什么？隐患就是隐藏着的祸患，就是看不见的危险。正是因为其『隐』，所以更不容易被发现，更不容易被清除，也就更凶险、危害更巨大。隐患就像一颗不知道埋藏在什么地方的定时炸弹一样，说不准什么时候就会爆炸。因而防事故必须除隐患，只有深入细致查找隐患、及时有效整改隐患、干净彻底清除隐患，安全才有保障，事故控制才成为可能。

⚠ 1. 隐患就是引发事故的"定时炸弹"

隐患是安全的天敌，正是大量隐患的存在，为安全事故的发生埋下了伏笔。这些隐患不经常排查、及时清除，就会成为安全的定时炸弹，说不定什么时候就会爆炸，就会发生事故，就会让我们陷入鲜血和泪水的悲伤之中。

某机械厂切割机操作工王某在巡视纵向切割机时发现刀锯与板坯摩擦，有冒烟和燃烧现象，如不及时处理有可能引起火灾。于是王某当即停掉风机和切割机，去排除故障。为了不影响生产，没有关闭皮带机电源，皮带机仍然处于运转中。王某在排除故障时因袖口未按规定系好扣子，袖子奓拉着，当伸手去掏燃着的纤维板屑时，袖口连同右臂被皮带机齿轮突然绞住，他使出全力想要拽出手臂，但没能成功。邻近岗位工作的工友听到王某的呼救声，急忙跑到开关前关闭了皮带机电源。因王某的手臂被皮带机齿轮卡住，无法活动，直到 20 分钟后，电工摘下电机风扇罩子，拨动扇叶，才退出右臂，此时已造成右臂伤残。

也许王某平常没有按照规定系上扣子，并没有觉得有什么不对。但这正是为事故埋下的隐患。事故正是人的不安全的行为和物的不安全的状态交叉的结果，当处于物的状态安全时，也许王某的这个安全隐患还是隐患，还没有表现出它的破坏力，但是一旦时机成熟，人的不安全行为和物的不安全状态交叉时，安全就会失控。这个隐患就会露出它狰狞的本来面目，毫不留情地出来伤人，事故就无法控制了。

这正像不知何时埋下的定时炸弹一样，忽然之间就会爆炸，就会伤人，就会给我们留下痛苦的回忆。所以，隐患非常危险。

生产过程中的事故隐患，具有相当强的不稳定性和时段性。在没有人为整改因素状态下，隐患可以很快演变为事故。许多生产事故在发生前，不是我们没有发现隐患，而是漠然处之，存有侥幸心理、姑息养奸、听之任之、任其发展，其结果是生产事故的必然爆发。

某焦化厂焦侧班长杨某和炉门工刘某，在检修时刮刀边焦油。4号焦出完后，炉门工刘某提前松6号螺丝，另一炉门工芦某站在6号炉门清理4号剩下的焦，刘某松完6号炉门下面，准备松上面，扳手一动，炉门倒下，将站在一旁的芦某头部砸伤，当即死亡。事故原因正是炉门工刘某违章作业（提前松螺丝）和重叠作业，而炉门保险装置又未使用而导致的。

事故调查表明，这个班组作业时养成了不按安全规程作业的习惯，刘某违章作业也是习惯，加之他平常性格内向，不爱交流和沟通。平常埋下的这些隐患，正是引发这起事故的重要祸端。

事故的源头是隐患，隐患离事故一步之遥。如果不能认真对待隐患，及时清除隐患，就等于埋下了定时炸弹，事故就会防不胜防，甚至无从防起。任何时候，都不能轻视隐患，忽略隐患，都要记住：隐患就是定时炸弹，只要不清除，就会有危险，就会生事故，就会有伤亡！

⚠ 2. 只要有隐患存在，安全就不可能有保障

隐患就像定时炸弹，不仅随时可能爆炸，还因为只要隐患存在，危险就永远存在，安全就不可能有保障。这一点也不难理解，因为有太多的事故都是因为隐患的存在，都是因为"定时炸弹"的爆炸才导致的惨烈结果。

某煤矿发生一起特别重大瓦斯爆炸事故，造成47人死亡、2人受伤，直接经济损失1000多万元。这天煤矿井下某个采区突然停电、风机停风，造成一个进风巷掘进面瓦斯积聚、超限。从矿上的监测记录看，从瓦斯浓度升高到最后超过安全底线，大约有40分钟。按照安全操作规程，在这种情况下，应该赶紧将井下作业的工人撤离，查找停电原因，通风降低瓦斯浓度，时间是完全来得及的。然而，矿方并没有采取这些措施而是违规合上了电闸，恢复送电，于是，惨剧发生了，47人命丧井下！瓦斯爆炸，甚至连当时是谁合上的电闸也查不出来。

这样混乱的管理就是隐患，有这样的隐患存在，安全从何而来？如何保障？只要有隐患，就不可能有安全。这是安全管理的一个真理。

安全工作中的隐患是相当多的，可以说无处不在，有很多隐患甚至都成了我们难以察觉到的一种习惯，以至于根本都不知道这是隐患，也就无从查找，更无从清除。但是，隐患的危害却绝不会因为我们的忽略而降低，它的可怕的破坏力更不会因为我们不在意它而减少或消失。相反，它只会

变本加厉地释放它的威力，让我们领略它的威力。

一家铝母线铸造厂发生了一起罕见的爆炸事故，厂房被夷为平地，16人死亡、50多人受伤。这是多年以来铝行业发生的最严重的生产事故。事后经专家分析，造成这一灾难的直接原因是该厂混合炉放铝口缺失了炉眼内套眼砖，导致炉眼变大，铝液大量流出，并溢出溜槽，流入循环冷却水的回水坑，在相对密闭的空间内，冷热相撞霎时产生大量水蒸气，压力急剧上升，能量聚集从而引发爆炸。

两辆客运列车相撞，72人死亡，几百人受伤，而导致这场事故发生的，不过是因为没有把限速调度命令及时传递到应当限速的列车上！

我们从一起起事故的原因追溯中，可以发现隐患的魔影。那些平常不被我们注意、那些看似并不重要的一些隐患，却往往成了毁灭我们的元凶！只要有这些隐患存在，安全就不可能有保障；只要有这些隐患存在，事故就永远无法避免！这几乎成为了一个魔咒！要躲开这个魔咒，要控制安全事故，就一定不能放过隐患！

⚠ 3. 不出事不等于没有事，隐患不除事故不绝

隐患意识，就是时刻都谨记隐患存在、高度重视隐患、认真对待隐患的意识。隐患意识就是安全意识，就是时时刻刻小心谨慎的意识，就是把安全放在第一位的意识。有了隐患意识，就会时时都懂得隐患无处不在，就会明

白不出事不等于没有事，就会警惕任何细微的异常，就会主动去查找隐患。

某公司全面开展安全隐患排查治理工作。在排查过程中，一生产班组长连续3次上交隐患排查表时，上面都写着"无"，厂长看后不禁质疑："设备在运转、生产在继续，怎么会没有隐患呢？"

是的，生产是动态的，隐患就是伴随生产客观存在的。只有随时都有高度的警觉性，才能不放过任何隐患，才能真正保证安全。如果意识不到这一点，以为不出事就没事，那么就免不了会出事。而且一出事，一切都会毁了！

东北某煤矿发生一起特大煤尘爆炸事故，死亡79人，伤129人，直接经济损失约320万元。造成这起事故的直接原因，是当班蹬钩工李某在作业中违章多挂重车，致使矿车鸭嘴断裂跑车，撞击摩擦产生火花引燃煤尘爆炸。

多挂重车，本身就是违章行为，而且这样做有着极大的安全隐患。因为多挂重车就会增加矿车的负荷，就会产生不安全的因素，如果从量变转化到质变，事故就不可避免。这就是没有隐患意识带来的后果。

某煤矿透水事故造成当班采煤班组9人死亡，4人失踪。事故发生的直接原因，是这个煤矿在运输上山及井下多处作业面已出现明显透水预兆的情况下，当班班组未采取撤出人员和排除水患等有效措施，仍违章安排工人在水害威胁区域作业，最终老窑积水压碎运输上山掘进工作面左侧帮煤壁，溃入井下导致事故发生。

"隐患"已经成为"明患"，却还没有引起当班领导的警觉，还没有采取必要的措施，这样淡薄的安全意识，怎么能够防范事故的侵袭？

某采煤点瓦斯窒息事故共造成10人死亡4人受伤，这起事故发生的直接原因是该非法采煤窝点为独井开采，无通风设施，井下班组无风作业，作业人员缺氧窒息，而且没有安排适时自救而造成重大伤亡。

这起事故发生的间接原因，是煤矿井下运输巷掘进工作面防煤与瓦斯突出工作不到位，使得掘进迎头在施工锚杆作业时诱发煤与瓦斯突出，造成10人死亡、2人重伤、2人轻伤。

前面我们已经说过隐患的危害。"隐患"之所以比"明患"的危害性更大，就因为隐患隐藏在一些貌似安全的表象下面，不容易被发现。因而表面上看起来，似乎是平安无事。而这恰恰最容易被我们忽略。

某公司生产区域煤气管网一个阀门突然泄漏，大量煤气外泄。当班两名操作工处事果断，当即爬到高空管架上进行排查，并及时解决了阀门煤气泄漏问题，消除了煤气大量泄漏这一重大安全隐患。事后，两名操作工受到公司的表扬和嘉奖。但这两名操作工却暗呼万幸。原来他们爬上高空管架处理煤气泄漏时，只顾戴防毒面具，因时间紧没有想到系安全带，然而公司领导并没有批评他们这一不安全行为。

公司领导之所以没有批评他们，并不是不知道他们没系安全带，而是一种"只要没出事就行"的思想在作祟。现在，安全工作天天喊天天抓，但事故还是频繁发生。就是因为重生产轻安全，存在"只要没出事就行"的错误思想。最终在出了事故以后，才想起追根溯源，排查隐患。如果没有出事，那就是一切好说，对发现的"三违"现象，不是及时制止，而是充当"好人"，大事化小，小事化了，思想上没有意识到事故隐患的存在，没有树立起隐患意识。

这种思想意识才是最大的隐患。为什么已经排除了一个又一个的安全隐患，事故还是屡屡发生？为什么一次又一次地召开事故分析会，找出原因，追究责任，还是不能杜绝事故的发生？正是因为这一个最大的隐患——缺乏隐患意识或者意识淡薄，始终被忽略了。这个最大的隐患没有排除，事故、未遂事故怎么能杜绝得了？

缺乏隐患意识，就是没有意识到隐患的危害，没有时刻想到隐患的存在，那种"不怕""没事""不用管""忘记了""这一点点没关系""我经常这样做"……都是缺乏隐患意识的具体表现。安全工作是一项系统工程，涉及到人、机、环境、管理等各个方面，每一个方面又涉及到诸多因素。其中的任何一个因素存在安全事故隐患，如果不消除，都有可能引发安全事故。而要消除安全事故隐患，必须通过人的努力来完成。所以人永远是主导因素。人为因素包括很多方面，安全意识不强、安全技能不高、安全制度不落实等，都是安全事故隐患，都可能诱导安全事故的发生。

我们常见的安全隐患有多种，有具体有形、看得见的，有抽象无形、看不见的。那些看得见的隐患常常容易被人们发现并及时排除，而像缺乏隐患意识、麻痹大意这些看不见的隐患则最不容易引起人们的注意，最容易被人们遗漏，被人们忽略。即使有再先进的设备、再精湛的技术、再完善的制度，也会因为对安全工作的不重视、对安全规程的不遵守、对安全制度的不执行、对安全事故隐患的视而不见而最终导致安全事故的发生。

只要不出事，就会被认为是没有事，甚至连批评也没有，因而也最容易"出事"。所以说，这才是其他一切隐患的根源，才是最大的隐患。

不出事不等于没有事，意识不到危险才是最大的危险，想不到隐患才是最大的隐患！只有我们深挖自己的思想，提高自己的隐患意识，排除"缺乏隐患意识"这个最大的隐患，任何时候对安全工作都如履薄冰、如临深渊，并且"拔出萝卜带出泥"，清除其他所有的隐患，我们才能真正杜绝事故，才能真正拥有安全。

⚠ 4. 常见隐患的分类及表现

隐患又分为安全隐患和事故隐患两种。在很多地方，人们都习惯于把两者混为一谈，其实二者还是有区别的。安全隐患是周围环境的一种危险状态，存在可能发生事故的概率，但不一定发生事故。而事故隐患就相对严重些、危险些，极有可能引发事故。

安全隐患是指安全生产中不易察觉的、不明显的故障点，或虽有受伤点但各项指标均不超出安全许可范围的不安全因素。安全隐患较事故隐患的程度要轻，但涉及的面更广。凡是有可能对安全产生影响或威胁的，都可以称作安全隐患。

事故隐患是指作业场所、设备及设施的不安全状态，人的不安全行为和管理上的缺陷等不安全因素。安全生产事故隐患是指生产经营单位违反安全生产法律、法规、规章、标准、规程和安全生产管理制度的规定，或者因为其他因素在生产经营活动中存在可能导致事故发生的物的危险状态，人的不安全行为和管理上的缺陷。事故隐患依其造成危害后果程度及整改的难易度分：一般重大事故隐患和一般事故隐患。一般重大事故隐患是指可能导致重大人身伤亡或者重大经济损失的事故隐患，加强对重大事故隐患的控制管理，对于预防特大安全事故有重要的意义。

生产过程中的危险和有害因素一般分为四类，分别是人的因素、物的因素、环境因素和管理因素。

（1）人的因素

指的是在生产生活中，来自人员自身或心理、意识上的危险和有害因素。包括以下几个方面。

①心理和生理性危险与有害因素

▲负荷超限：体力负荷超限（指易引起疲劳、劳损、伤害等的负荷超限）、听力负荷超限、视力负荷超限、其他负荷超限。

▲健康状况异常：指伤、病等，从事禁忌作业。

▲心理异常：情绪异常、冒险心理、过度紧张、其他心理异常。

▲辨识功能缺陷：感知延迟、辨别失误，其他辨别功能缺陷。

▲其他心理、生理性危险和有害因素。

②行为性危险和有害因素

▲指挥错误：指挥失误（包括生产过程中的各级管理人员的指挥）、违章指挥、其他指挥错误。

▲操作错误：误操作、违章作业、其他操作错误。

▲监护失误。

▲其他行为性危险和有害因素（包括脱岗等违反劳动纪律行为）具体表现为：

①工人不遵守安全操作规程，违章作业，如攀、坐不安全位置，直接用手代替工具操作，在机械运转时进行加油、检修、清扫等。

②技术水平、身体状况不符合岗位要求的人员上岗作业。

③对习惯性违章操作不以为然，对隐患的存在抱有侥幸心理，如高空作业不系安全带，电焊作业不穿绝缘鞋，高速旋转作业不戴防护镜，金属切削作业戴手套，有毒、有害作业不戴防毒面具等。

④对报警声、故障指示灯麻痹大意，忽视、误解安全信号。

⑤工人缺乏基本的安全技能，如急救基本知识、消防器材的正确使用、火灾逃生自救等。

⑥工人不正确佩戴个人安全防护用品，甚至放弃不用，如不按要求佩

戴安全帽、高处作业不系安全带、在产生尘、毒的车间不佩戴防尘防毒面具等。

（2）物的因素

指的机械、设备、设施、材料等方面存在的危险和有害因素。包括物理、化学和生物方面的因素。

①物理性危险和有害因素

▲设备、设施缺陷。

▲防护缺陷。

▲电危害。

▲噪声危害。

▲振动危害。

▲电磁辐射。

▲运动物危害。

▲明火能够造成灼伤的高温物体。

▲能够造成冻伤的低温物体。

▲粉尘与气溶胶。

▲作业环境不良。

▲信号缺陷。

▲标志缺陷。

▲其他物理危险有害因素。

表现为：

▲设备自身的安全防护装置缺少、不全或长期损坏待修。

▲设备的设计存在缺陷，不符合人机工程学原理，易引发工人误操作，造成事故。

▲安全防护装置和个人防护用品的质量存在缺陷，起不到防护作用。

▲设备、材料、工具没有按照指定位置存储摆放，存放处没有工具取

用记录或记录不全。

▲消防器材不合格或已过期，特种设备已过检验期。

②化学性危险和有害因素

▲易燃易爆性物质。

▲自燃性物质。

▲有毒物质。

▲腐蚀性物质。

▲其他化学性危险和有害因素。

③生物性危险和有害因素

▲致病微生物。

▲传病媒介物。

▲致害动物。

▲致害植物。

▲其他生物性危险和有害因素。

（3）环境因素

▲室内作业场所环境不良。

▲室外作业场所环境不良。

▲地下（含水下）作业环境不良。

▲其他作业环境不良。

具体表现为：

①厂房、车间、巷道内部建筑结构不合理，导致采光达不到要求、室内温度过高或过低、通风不良。

②设备、材料堆放不符合安全规程和防火要求。

③在特殊工种作业中，没有安装防噪声、防辐射、除尘或消毒设施，工人也没有佩戴合适的个人防护用品。

④各类安全警示指示标志缺少、不明确和指示混乱。

⑤作业场所不整洁，生产工具、成品、半成品、边角废料等随意丢

放，占用消防通道和工作区域，影响生产工作开展，造成作业环境混乱，容易引发事故。

⑥电气设备使用不规范，私拉、乱接电线现象普遍存在。

（4）管理因素

▲职业安全卫生组织机构不健全。

▲职业安全卫生责任未落实。

▲职业安全卫生管理规章制度不完善。

▲职业安全投入不足。

▲职业健康管理不完善。

▲其他管理因素缺陷。

具体表现为：

①安全生产相关规章制度不完善、不健全，如安全生产责任制不明确、安全操作规程不科学、应急救援预案不合理等。

②管理者自身安全素质不高，或只重视生产而对事故隐患视而不见、监管不力。

③员工缺少必要的安全教育培训而导致安全意识不强，无法形成良好的安全文化氛围。

④安全管理中不按制度办事，以人情、义气代替规章原则。

⑤安全员发现工人不安全行为时讲解不清、态度恶劣、语气蛮横，不仅不容易使工人认识错误，而且会让工人产生逆反心理，继续违章。

事故隐患的分类与事故分类有密切关系，根据避免交叉的原则，将事故隐患归纳为 21 类。

①火灾（建筑物、非挥发性燃油、非粉尘状的可燃物质）。

②爆炸（火药、可燃性气体和空气混合、可燃性粉尘、锅炉压力容器）。

③中毒和窒息（有毒物质引起的急性中毒与窒息）。

④水害（水库险情、矿山透水、淹井）。

⑤坍塌（建筑物倒塌、井巷冒顶、片帮）。

⑥滑坡（企业、居民周围的山体迸裂、滑坡、泥石流）。

⑦泄漏（有毒、放射性物质泄漏）。

⑧腐蚀（强烈腐蚀性物质暴露）。

⑨触电（高压电）。

⑩坠落（高平台、支架上）。

⑪机械伤害（机械设备老化、安全防护装置不全或失灵）。

⑫煤与瓦斯突出（煤矿井下煤与瓦斯突出）。

⑬公路设施伤害（公路、公路桥梁、公路隧道）。

⑭公路车辆伤害（汽车失灵或超负荷）。

⑮铁路设施伤害（危轨、危桥、危险的铁路隧道、无效的通讯）。

⑯铁路车辆伤害（火车零件失效和失灵）。

⑰水上运输伤害（船舶运输途中）。

⑱港口码头伤害隐患（港区、码头）。

⑲空中运输伤害隐患（飞机运输途中）。

⑳航空港伤害隐患（航空港内设施，起飞前的飞机）。

㉑其他类隐患（不能用以上类型分类的）。

除了隐患，生产过程中的危险和有害因素，也是导致事故的重要原因，同样不可小视。危险和有害因素，指能对人造成伤亡或影响人的身体健康甚至导致疾病的因素。危险因素是指能对人造成伤亡或对物造成突发性损害的因素；有害因素是指能影响人的身体健康、导致疾病，或对物造成慢性损害的因素。

危险因素和有害因素是构成事故的物质基础。它表示劳动生产过程的物质条件的固有危险性质和它本身潜在的破坏能量。有危险因素和有害因素存在就有发生事故的可能，事故的严重程度（单元事故的经济和劳动力的损失）与危险因素的能量成正比。但是，危险因素和有害因素转化为事故是有条件的，只要控制住危险因素和有害因素转化为事故的条件，事故就可以避免。

因此，要控制事故，首先要严查严控事故隐患，全面控制危险因素和有害因素，掐断危险和有害因素转化为事故的一切条件，并因此把事故控制在发生之前。

⚠ 5. 企业隐患排查制度、程序和主要方法

隐患排查制度是生产或施工企业为全面查找隐患、消除隐患危险而制定的专门制度。对于不同的行业、不同的企业和不同的安全管理方法、制度，也会有不同的隐患排查制度。各个企业根据本企业的安全管理特点和现状，可以制定不同的隐患排查制度和程序，以利于本企业或本车间、班组的安全管理，及时发现隐患、清除隐患、防范事故。

（1）隐患排查制度的制定

隐患排查制度一般包括排查的周期和时间安排、事故隐患分级、严格的排查程序和整改步骤、方法。各企业及车间或班组，可以根据生产情况，制定想应的排查制度。

（2）隐患排查程序

隐患排查程序也就是企业排查隐患的基本步骤。如下图所示：

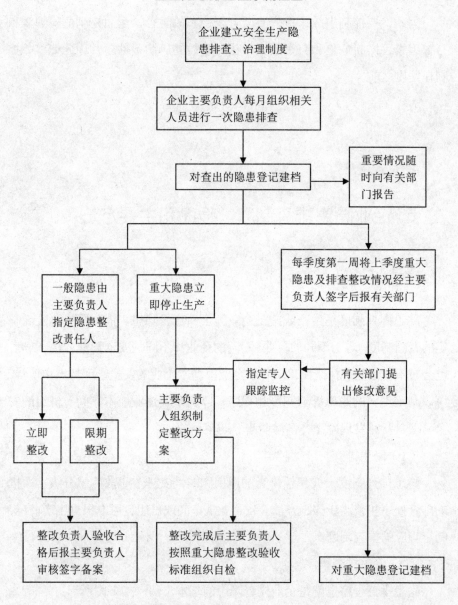

企业隐患排查程序流程图

（3）隐患排查方法

隐患形形色色，种类繁多，要真正排查清点清楚，并不容易。这就需要我们掌握一定的方法，才能有的放矢、迅速高效地查出隐患，清除危险。

隐患排查的方法也多种多样。一般要按照事故隐患的类型和各种危险因素、危害因素，逐个排查。

比如，对物的不安全状态，要从物理状态、化学状态、生物因素方面来排查。而人的不安全行为则主要应从心理因素、违章违纪行为、人的精神状态、身体状况及性格特征等方面一一排查，并有针对性地治理。所以，隐患排查是一个复杂的系统工程，不仅需要我们端正态度，集中精神，认真细致，不放过一丝一毫的隐患，更需要我们讲究方法，探索技巧，提高排查效率。

①拉网群查法

发动所有的人，让每一名职工群众都睁大眼睛、打起精神，同心协力查找工作、生产、生活中的事故隐患和苗头，使安全生产工作的每一个环节、每一个具体事和具体人，都能尽收"眼底"，控制在有效的视线之内。在查找事故隐患过程中，不能把精力只盯在一人一事、一时一地上，而要使安全生产"触角"沿着事物发展变化的轨迹，贴住其"脉络"，实施全时、全程的监控，具有科学的前瞻性和超前性；不仅做好岗位和登记在案的危险源（点）的事故预防，还要以此为基本依据，撒开"大网"，把平时司空见惯、习以为常的问题都网在其中，逐一进行检查，防止出现漏洞。

②规章对照法

用法律法规、条例和操作规程这把"尺子"，全面检查、校正安全生产制度落实上的偏差，对有悖法规、条例和操作规程的做法，必须及时、坚决予以纠正、处罚和整改。在检查时，尤其要注意纠正那些片面追求捷径的"小聪明"式的"土规定""土做法"。凡不符合法规、条例和教程规定的，都是事故的隐患，就有可能出现事故苗头，严重的还会导致伤亡事故的发生，必须立即制止，坚决纠正。

③类比检查法

"邻里失火，自查炉灶""一人生病，大家预防""警报一响，长鸣不断"。查隐患要学会举一反三，学会自警自纠。对别人发生事故或查出的隐患，经常在自己这里"对号入座"，查一查自己有没有类似的苗头和隐患。不能因为"自家"没事，对"邻里"失火不以为然，或者只把别人的事故教训当作茶余饭后的谈资，其结果只能重蹈别人的"覆辙"。要把别人的教训当成自己的"镜子"，衍射到安全生产管理的方方面面，反复进行查找。这样才能真正"吃一堑，长一智"，才能真正把隐患揪出来。

（4）机器设备隐患排查方法

①按设备寿命周期法排查

设备寿命，即设备实体存在的时间，指设备制造完成，经使用维修直至报废的时间。例如，辅机设备的轴承均有设计使用寿命，达到设计使用寿命就应更换，在轴承达到使用寿命前就应加强对设备的检查在状态检修情况下，如果设备没有异常，可以延长设备部件的使用时间。例如，延长轴承的使用时间、润滑油的使用时间、滤芯的使用次数等。这虽节约了生产费用，但设备会存在潜在隐患，此时就应该将此设备列为隐患排查的重点对象。

②按设备一般缺陷统计分析法排查

设备缺陷记录了曾经构成设备故障的原因，对以往的缺陷记录进行统计分析，可查找出存在的设备隐患。如某电厂送风机进口挡板因疲劳断裂，导致送风机振动损坏。在更换该送风机进口挡板后，紧接着对其他各台送风机的进口挡板进行检查和更换，彻底消除这一设备隐患。

③按设备设计安装隐患排查

设计安装中的一些缺点或容易导致故障的部分，应当是设备选型欠妥、材料材质差错、质检合格缺项、膨胀和收缩受阻等此类隐患如不能及时发现并消除，就会造成相应的运行故障，并且在机组投运几年后还会发生，因此要坚持在设备检查中，特别是设备大小修中进行此类隐患排查。

④运行巡视中排查

巡视检查的一般方法有眼看、耳听、鼻嗅、手摸、仪器检测等检查设备的温度、声音、振动、泄漏、参数变化，可以及时发现设备运行中出现的异常情况。

⑤维护中排查

在设备检修中，通过对设备的全面或部分解体可发现设备部件的异常变化，进而分析异常产生的原因，排查隐患。还可以举一反三，找出同类机器的设备隐患。

⑥大小修中排查

利用设备的大小修机会进行隐患排查，主要对重大设备进行隐患排查，因为这类隐患一旦发生就会造成机组的停运。这类排查要专业组织，专人负责，分工明确，检查项目清晰详细，避免流于形式。

⑦设备点检中排查

点检中排查相比于运行值班人员的检查更为专业。点检由设备负责人和专业技术人员负责，同样是利用人的五感（视、听、嗅、味、触）和简单的工具仪器，但因检查是按照预先设定的方法、标准、定点、定周期进行的，所以能掌握故障的初期信息，便于及时采取对策将故障消灭于萌芽状态。

⑧安全大检查中排查

许多单位每年都进行一次或多次安全大检查，组织专业的技术人员重点对企业管理制度、软件设施、工作程序、设备和装置进行全面排查。另外，也可以发动全体员工开展对不同系统设备的隐患排查，从专业的角度发现设备存在的事故隐患。

（5）人的不安全行为隐患排查方法

人的不安全行为主要表现为"三违"，再加上精神状态、心理因素、性格特征、技术水平、身体状况等一系列的因素，都会带来隐患。所以，查"三违"是重点，防"三违"是关键，同时也不能忽视其他方面的隐患。

①查思想意识隐患

查管理人员、职工对安全的认识是否到位？法律、法规宣传、贯彻情况如何？安全学习及教育培训是否紧跟形势发展并结合矿井实际？是否摆正生产与安全的关系？企业安全投入是否得到保障？

②查行为表现隐患·

查员工对安全技能的掌握情况，有没有"三违"行为，管理者有无违章指挥，操作者是否按规定程序操作，职工健康状况、精神状态，工程质量验收、把关情况，管理人员值班、跟班、带班管理情况，出入井管理，作业时的相互监督与保护情况等。

（6）填写隐患排查台账和隐患汇总表，把查到的隐患及时上报。

企业安全隐患汇总表

年　月　日

隐患地点	隐患内容	责任部门	整改时限	备注

企业安全生产隐患排查月报表

上报单位（盖章）：

20　年　月

序号	隐患具体位置（车间）	隐患主要内容	预计整改时间	整改责任部门	整改情况

序号	隐患具体位置 （车间）	隐患主要内容	预计整改 时间	整改责任 部门	整改情况
合计	隐患数量：		已整改隐患数量：		
负责人： 电话：		填表人： 电话：		填表时间： 年　月　日	

第六章　清除安全隐患，消除一切引发事故的『可能性』

隐患排查跟踪反馈统计表

隐患地点	发现时间	排除时间	隐患排除效果及情况说明	备注

⚠ 6. 查找隐患要有一双 "火眼金睛"

安全隐患还有一个特点就是小，唯其小，才易被忽视，不易被发现。因而查找隐患更需要我们练就一双如孙悟空一般的火眼金睛才行，才能一眼透过现象看到本质，让所有的隐患都现出原形，安全才能得到保障。

安徽电建某项目部二号炉施工电梯操作工黄师傅在电梯运行时，突然感觉好像有亮光。凭多年工作的本能，他知道这肯定不正常。他急忙下电梯观察，发现亮光来自炉顶，是炉顶放料平台的广式照明变压器线圈着火正在燃烧，大约在炉顶 72.8 米处出现了火光。要是不及时灭火，火势必将进一步蔓延，引发事故。黄师傅一边喊人，一边顺着电源线寻找开关，关闭了电源。由于没有灭火器材，他只好用脚将明火踩灭。他又担心其复燃，找来茶水，浇注于着火部位，才彻底消除了安全隐患。

正是黄师傅的 "火眼金睛"，及时发现了隐患，才避免了一起重大的事故。"火眼金睛" 是孙大圣的法宝，在西天取经的漫长道路上，各类妖魔鬼怪幻化出的异象令人防不胜防，倘若不是孙大圣的 "火眼金睛" 洞若观火，辨别哪些是妖怪、哪些是良善、哪些要严厉打击、哪些要安慰帮助，只怕到今天还没有取回真经，而且唐僧也不知进了哪个妖怪的肚子了。隐患就是安全生产的 "妖魔鬼怪"，就是防范事故的 "拦路虎"，就是要用我们的 "火眼金睛" 来发现并清除的 "祸害"！

有了"火眼金睛"，我们就不怕隐患埋藏得深，也不怕隐患躲藏得紧，睁大眼睛仔细找寻，就能把这些隐患找出来，还我们以安全。

某煤矿采煤一班王班长就是这样一位有着"火眼金睛"的隐患查找高手。只要他在现场，再小的安全隐患都逃不脱他的眼睛。

有一次夜班，王班长在4025采煤面排查隐患时，发现有一些小水珠渗出来，这引起了他的警觉，通过向当班工人了解，这水珠是刚渗出来的，王班长断定，肯定有透水的隐患。于是他当机立断，停下生产，撤出工人，请专业的勘察人员来仔细勘察，果然发现了一处有透水的迹象，及时地消除了隐患。

有一天中班，王班长按照惯例对现场进行最后一次隐患排查，当他爬到4023采煤面中段变坡点时，发现该段背板破损，顶板下沉。"必须补打单体支柱加强支护！"他第一时间向现场值班对干进行了汇报，并协同工友进风巷转运单体支柱。此时一名职工说道："快下班了，这点小隐患留给夜班干吧。"王班长说："我理解兄弟们的心情，谁不想早点下班，但这样会给下一班留下隐患，不定什么时候就会出事。"随后，他带头扛起支柱，大家一起消除了隐患。

王班长有着丰富的现场安全管理经验，由于规程吃得透，措施背得熟，查隐患经验丰富，使得他在现场的安全监察工作切入要害、细致入微，从安全注意事项，到隐患排查整改，再到突发事故的应急措施等，包括岗位职工作业安全间隙、安全退路等，任何细小的隐患都逃不过他的眼睛。他还凭自己的经验总结出了一整套现场除隐患的经验，如"班前讲安全，班中查隐患，班后想安全""工作干不完不走，隐患不排查不走，事故不处理不走"等，传授给大家，以便让每一个人都能练就"火眼金睛"的功夫，及时查找到隐患，防范事故。

生产中的安全隐患很多，诸如企业管理制度和操作规程不完善；执行制度不严格；生产现场存在跑、冒、滴、漏现象；防爆区域电气不防爆；设备陈旧，平台、栏杆、楼梯、管道锈蚀严重；三级安全教育不到位，未汲取外单位事故教育；生产工艺落后；安全设施检测维护不到位；警示标志、安全告知不全；危险化学品超量存放和不分类存放；可燃气体、有毒气体报警仪该装的地方未装，或装好的维护不到位；职工防护用品不全，佩戴不规范；应急救援设施不全，装备和资源不足，措施和材料不到位等，这些都需要我们好好查找、不可疏漏。还有如我们思想意识上的隐患、工作态度上的隐患、生产系统中的隐患、工作岗位上的隐患等，隐藏得更深，更需要我们提高警觉性，及时查找，及时整改，尽快处理、消除，才能真正保证安全。

某厂蒸馏车间工艺一班 7 名班组员工，在班长的带领下检查消防器材及设施时，一下子查出 200 余项不安全状态！上下楼梯的过程中看手机短信，冬天走室外楼梯不扶扶手，泵上的一个小螺帽松动了，阀上的皮垫锈死了，管线有裂缝，消防装置摆放不合理，防冻液防凝剂没有添加……

要炼就"火眼金睛"当然需要我们下功夫。要强化安全规章制度的学习，强化安全意识，认识到违章的严重后果，增强辨别安全隐患、防患于未然的能力，要在岗位安全这座"八卦炉"里"烟熏火燎"地强化自己的安全技能，更要在平常的隐患查找和整改过程中增加自己"降妖除魔"的经验，真正练出一双"火眼金睛"，把那些隐藏比较深、不易为人们所察觉的安全隐患及时找出来，并予以纠正，事故才能控制，安全才有保障。

⚠ 7. 查找隐患要细、严、实，不留任何死角

在预防事故工作中，有些事情看起来微不足道，实际上非同小可，有的小事捅出大娄子，懊悔不已；有的无视安全，酿成大祸；有的违章操作，命丧黄泉。俗话说："沙粒虽小伤人眼，小雨久下会成灾"。小过错与大祸端没有不可逾越的屏障，事物量变到一定程度就会引起质变，小过错不可小视，小隐患更需要认真查找，仔细对待，不然就会引发事故。

除灰车间运行丁班凌晨5：00左右，开启浆液泵，向吸收塔打浆液。开启前，值班工米某检查泵皮带齐全完整，地角螺栓牢固，接地线牢固，开启浆液泵密封水，查看溢流管无异物，米某将浆液泵入口手动门全开启后，用对讲机联系主控张某，说可以启泵了。泵开启后，米某手动开启泵出口门，检查无异常，即回到控制室。

7：10左右，主控张某巡视检查时，发现储浆罐顶部四周变形向内凹陷，用对讲机联系米某，紧急停下此返回泵。将泵停下后，发现该罐溢流管底部胶皮被吸合。张某联系检修工王某，并汇报班长赵某，就地手动关闭浆液泵入口门，开启浆液泵冲洗管接口，放空出口管线浆液，以防积冻，并关闭泵入口密封水门。7：30左右检修人员马某到现场，检查溢流管通畅，检修人员孙某、马某将溢流管出口处胶皮割开后，车间技术员韩某令开启事故浆液泵试运行，启泵后两小时正常，溢流管有少量空气向内抽吸。

此次事故造成事故浆液罐三分之一报废，长度约5米，直径约10.4米，

罐体爬梯损坏，顶部设备变形，经济损失 28 万元。所幸发现及时，没有发生更大事故。

由于事故罐溢流管下部接一弯管与直管约成 45°，弯管端部与一胶皮管软连接，胶皮管长度约 300 毫米。该管是在原始安装时，防止溢流的浆液流到地面，通过该管将溢流的浆液引流到地沟。该管使用达 2 年，因安装角度问题和老化造成胶皮管变形被吸合，形成罐内负压过大，是引起罐体变形的直接原因。而当班运行人员米某巡视不到位，没有查找到此隐患，在开泵前，没有及时发现胶皮管变形的缺陷，是造成此次事故的主要原因。

隐患有大小，但危害却无穷。因而查找隐患时千万不能大意，不能放过一丝一毫。即便隐患再小，隐藏得再深，用放大镜、用显微镜也要把它找出来，及时整改，才能保证安全。就像上面这个案例中，要不是主控张某巡查时及时发现了异常，并果断停产，阻止了事故的进一步扩大。要不然，或许还会有更严重的后果。

要排查隐患，就不能放过一丝一毫，任何隐患哪怕细微到可以忽略的隐患，也有可能会带来致命的灾难。所以，不论多细小、多微不足道的隐患，也绝不可以放过。

再坚固的安全长堤，如果忽视了一个细小的漏洞，也会在灾难面前土崩瓦解。小疏忽会变成大错误，小漏洞会引起大事故，不排除小隐患就可能变成大隐患，不解决小问题就可能变成大问题，不处理小事故就会变成大事故。对于安全而言，任何小事都是大事，安全从来就没有小事，时刻绷紧安全生产这根弦。有了隐患及时排除，严格按照操作标准来做，把无事故当成有事故，把小事故当成大事故，把小隐患当成大隐患，把轻"三违"当成重"三违"，把苗头当作问题来抓，把症候当作事故来处理，严把每一个细节，卡控每一个环节，一丝不苟、一丝一毫也不放过，抓小防大，防微杜渐，把隐患查到底，把安全做实做透，做到完美，才能真正保证安全。

⚠ 8. 查一处要清除一处，隐患必须立即整改

排查隐患是为了治理隐患，整改隐患，消除隐患，而不是为查找而查找，查过就算了。所以，隐患要查一处清除一处，查一处处理一处、整改一处、消除一处，才真正达到了排查隐患的目的。

某厂送风机轴承异音，解体检查发现轴承滚子有脱落掉块现象，润滑油底部沉积大量灰分铜屑，分析原因为灰分从轴承箱轴封处进入。该厂电除尘经常放灰，含有灰分的空气被吸入送风机，送风机风箱轴封不严，轴承箱的轴封毛毡也长期没有更换，灰分进入轴承箱，污染润滑油造成轴承损坏。检修中采取相应措施消除了这一设备隐患，各台送风机的轴承再也没有因为润滑油进灰而损坏。

排查隐患的实践中最为行之有效的办法，是建立事故隐患整改责任制度。该制度应包括：事故隐患整改的责任认定，事故隐患整改的人员、物资、经费保障，整改完成时间，事故隐患整改的现场安全督办和复验，应急状态下救险、人员疏散、医疗保障等措施方案，定责任、定人员、定经费、定措施、定时间。

清除隐患要分工明确，责任到人，限时间，保质量。对能立即整改的，立即改；对因条件不到位一时不能整改的一定要拿出补强的措施；对需要上级解决的问题，要立马打报告，请示如何办。要对整改的情况必须建立

跟踪检查考核机制，不能说在口上，写在纸上就完事，更重要的是查清查明，哪些隐患整改到位，哪些还有差距，要心知肚明。对那些需要立即整改的隐患，绝不能讲半丝人情，拖延半分，而应当及时整改，消除危险。

有些人看不到隐患"立即整改"和"限期整改"的区别，看不到"立即整改"和"边施工边整改"的区别，甚至把"带病运转"视为正常状态，导致习惯性违章引发事故。有些单位负责人为了追求所谓"利润最大化"，只顾赚钱不顾安全，只顾利润产出不顾必要的安全投入、安全条件的改善、事故隐患的应急整改，缺乏危机感。这样的态度必然导致生产事故的发生，等来的只能是惨痛的教训和严厉的惩罚。

某作业队在H2-6井下油管作业时，职工马某负责拉油管，由于他所用的24管钳牙口磨损严重，未咬紧油管，上提油管单根时，管钳打滑，油管前冲，接箍挂在井口上，油管尾部翘起将马某的头部砸成重伤，造成一起严重的工伤事故。这个事故给我们的启示：当班职工责任心不强，安全意识淡薄，没有认真检查工具所潜藏的安全隐患。

如果当时能仔细地检查一遍，这样的悲剧或许就不会发生。但是，安全没有如果，没有或许。只有坚定坚决地对隐患说"不"，才能真正有安全可言。

某电力安装公司在对66千伏电力线路施工时，由于有一个10千伏电力线路不能停电，66千伏线路垂直于10千伏线路上面，但又必须继续施工，只有在10千伏线路上搭设封闭跨越架才能施工，当时负责搭设跨越架是甲方公司。

但在电力安装公司准备施工时，电力安装公司的作业人员检查跨越架发现，由甲方公司负责搭设的跨越架不但宽度没有按安全规程要求超过所架设的66千伏线路的边线各2米，且小于边线以内，与带电的10千伏线路的水平距离和垂直距离也不够安全规程规定的 1.5 米，只是 1 米以内，双面封顶也不符合要求，而且跨越架也不坚固。这些都会导致事故，是极为严重的安全隐患。所以电力安装公司的工作负责人向甲方公司提出整改隐患后再施工的要求。

甲方公司考虑施工进度，不同意停止施工，声称由甲方公司负责看管导线，保证导线不会落到带电的 10 千伏线路上，并没有对所搭设的跨越架做任何的改进，电力安装公司的工作负责人，为了确保施工的安全和电气工作人员的生命，在本公司承受万余元的经济损失和种种压力的情况下，果断停止施工，所有设施和人员全部撤离现场，避免了冒险作业带来的事故。

如果电力安装公司继续施工，在放线和紧线的过程中一旦导线弹出或挂到跨越架上必然造成所放下的导线触碰到带电的 10 千伏线路上，那么在杆塔上的 10 多名电工和杆塔下的数 10 名其他工作人员的生命必将受到威胁，这将导致一场重大的安全事故发生。而电力安装公司的员工大胆地对隐患说"不"，就避开了一场事故。

所以要从思想深处提高对隐患排查治理工作的认识，增强"隐患不除，安全不保"的紧迫感。不论对人的隐患还是物的隐患，杜绝查而不严、查而不改的现象。

整改工作是隐患管理的重中之重，整改的最终目的就是要消除隐患，杜绝事故发生。要不断增强安全意识，总结经验、汲取教训、分析规律，提升安全技能素质。要严格遵守各种安全规章制度，知道什么事可以做，什么事不可以做。同时，在治理"隐患"中，要敢唱"黑脸"，监督同事，不放过任何违章行为，使大家共同养成按规章制度和程序标准办事的习惯。对于查出的"隐患"，要结合实际，多角度、深层次分析其产生的原因，迅速治理，及时消除，从而真正达到安全的目标。

⚠ 9. 不放过任何隐患，放过隐患就是制造事故

隐患就是危险，隐患就是危害，隐患就是事故的前兆，隐患就是安全的绊脚石。隐患不除，企业就无宁日，安全就无保障。所有事故隐患，包括人的不安全行为和物的不安全状态，一经发现，都应立即整改，全面消除。即便特殊情况下一时不能整改的，也必须及时采取相应监控措施，并对整改措施或监控措施的实施过程和实施效果进行跟踪、验证，确保整改或监控达到预期效果。如果我们查找出了隐患，却不管不问，放任自流，或纵容包庇，放过隐患，那我们就极有可能在制造事故，这绝不是危言耸听，因为放过隐患，就等于失去了一次清除危险、防范事故的机会，发生事故的概率就大大增加了。

某企业二号立式烘炉操作工赵某发现进芯机有毛病，就向当班班长姬某反映。姬某检查后，发现进芯机电磁阀的牵引连接螺母脱落，就到机动科叫来钳工陈某进行修理。修好后开始试车，进芯机第二板芯子到位后，设备运转正常。陈某说："好了"，就离开了电磁阀处。姬某继续工作。过了一会儿，车间带班工长崔某来到二号立式烘炉处，发现电磁阀调整螺母不到位，就面朝东站着动手调整，姬某在一旁帮助调整螺母，调整好，放下电磁阀，进芯机退回。这时赵某往北去准备开炉，发现陈某头部被挤在进芯机托架与立柱之间，人已经昏迷，于是急忙将陈某送往医院抢救，经诊断为颅骨骨折和严重脑挫裂伤，次日经抢救无效不幸死亡。

车间带班工长崔某和当班班长姬某，在调整螺母过程中，没有认真观察进芯机周围状况，安全意识缺乏。钳工陈某在调整电磁阀牵引连接螺母后，走到进芯机处，未与任何人打招呼，将头部伸入进芯机危险区进行检修，结果造成伤害。

有些隐患是习惯性的违章违纪，有些隐患却已经是查找出来的，却依然没有引起足够的重视，依然被放过，被忽略，最终导致事故躲避不及。所以，不管是什么样的隐患，不管是大是小，是急是缓，是司空见惯还是稀有罕见，都绝不能放过。因为放过隐患就等于制造事故。

特别是生产现场的一些隐患，更需要高度重视，因为现场是事故的高发地，隐患也极易转化成事故。所以对现场安全仔细巡查，对机器设备及物料的安全状态时时留心，对平常一些不太遵守劳动纪律、喜欢冒险、心存侥幸的职工给予更多的关注，对危险物态及时处理，对违章违纪行为及时纠正，才能全面防范事故，保证安全。

某宿舍楼施工，顶层屋盖的粉刷已基本结束，当时由于工地吊运工作任务不大，工地技术员兼安全员王某安排两名塔吊司机在二楼地面抄平。约14点30分，因顶层屋盖需要二斗砂浆。技术员王某没有叫塔吊司机操作，而是违反安全规定，自己爬到塔吊操作室代替塔吊司机操作。当吊完二斗砂浆后，为了图省事，王某又从塔吊前臂攀爬，想通过塔臂直接跳到顶层屋盖检查工作。当王某攀爬至顶层屋盖上方，两只手抓住塔吊准备跳到屋盖上时，突然刮来一阵大风，将塔吊吊臂刮离屋盖，王某因体力不支，坠落到地面，经抢救无效死亡。

造成这起事故的直接原因，是施工现场管理混乱，王某身为技术员兼安全员，既没经过起重机械特种作业培训，又没有操作证，就操作起重机械，带头违章作业；又冒险违章从塔臂上攀爬到屋顶，更是极其冒险的行为。正是这样一连串的违章，导致了事故的发生。

不是天天都有大风的，但偏偏在这个时候刮来了，有的员工可能会说这是意外，但实际上，不管刮多大风，如果王某不冒险违章从塔臂往上爬，及早纠正违章行为，消除违章隐患，再大的风也不会造成事故的。所以，根本的防范措施还是杜绝违章，从思想上清除员工的这种违章隐患，加强施工现场管理，严格规范安全行为，绝不姑息迁就，才能全面预防事故，保证安全。

⚠ 10. 辨识重大危险源，清除重大危险因素

重大危险源，是事故发生的重大诱因之一。因而辨识重大危险源，清除重大危险因素，也是事故控制的重要内容。

危险源与隐患，不是等同的概念，但有时也会混用。事故隐患是指作业场所、设备及设施的不安全状态，人的不安全行为和管理上的缺陷。它实质是有危险的、不安全的、有缺陷的"状态"，这种状态可在人或物上表现出来，如人走路不稳、路面太滑都是摔倒致伤的隐患；也可表现在管理的程序、内容或方式上，如检查不到位、制度的不健全、人员培训不到位等。

危险源，可以理解为危险的源头。广义的危险源指一切可能导致伤害、疾病、财产损失、工作环境破坏或这些情况组合的根源或状态，简而言之，就是可能导致事故的源头。危险源是有可能产生不期望后果的人或物。如液化石油气生产或运输等过程中，可能发生泄漏，引起火灾、爆炸或中毒事故，所以充装了液化石油气的储罐是危险源；危险化学品、易燃易爆品

或有毒物品因其本身的危险性，也是危险源。

危险物品是指"易燃易爆物品、危险化学品、放射性物品等能够危及人身安全和财产安全的物品；重大危险源，是指长期地或者临时地生产、搬运、使用或者储存危险物品，且危险物品的数量等于或者超过临界量的单元（包括场所和设施）。"

当心中毒

危险化学品是指具有毒害、腐蚀、爆炸、燃烧、助燃等性质，对人体、设施、环境具有危害的剧毒化学品和其他化学品。危险化学品重大危险源，是指"长期地或临时地生产、储存、使用和经营危险化学品，且危险化学品的数量等于或超过临界量的单元"。其中临界点是指"对于某种或某类危险化学品规定的数量，若单元中的危险化学品数量等于或超过该数量，则该单元定为重大危险源。"

危险化学品重大危险源的辨识依据是危险化学品的危险特性及其数量。可分为生产单元危险化学品重大危险源和储存单元危险化学品重大危险源。

危险源由三个要素构成：潜在危险性、存在条件和触发因素。危险源的潜在危险性是指一旦触发事故，可能带来的危害程度或损失大小，或者说危险源可能释放的能量强度或危险物质量的大小。危险源的存在条件是指危险源所处的物理、化学状态和约束条件状态。例如，物质的压力、温度、化学稳定性，盛装压力容器的坚固性，周围环境障碍物等情况。触发因素虽然不属于危险源的固有属性，但它是危险源转化为事故的外因，而且每一类型的危险源都有相应的敏感触发因素。如易燃、易爆物质，热能是其敏感的触发因素，又如压力容器，压力升高是其敏感触发因素。因此，一定的危险源总是与相应的触发因素相关联。在触发因素的作用下，危险源转化为危险状态，继而转化为事故。辩识危险源，消除危险源隐患，就要按危险源的三个要素来考虑。

一是从潜在的危险性分析，有化学品类、辐射类如放射源、射线装置、电磁辐射装置等；特种设备类如电梯、起重机械、锅炉、压力容器（含气瓶）、压力管道、客运索道、大型游乐设施、场（厂）内专用机动车；电气类如高电压或高电流、高速运动、高温作业、高空作业等非常态、静态、稳态装置或作业等。还包括土木工程和交通运输类。

二是从存在条件上来分析，要辩识危险源目前的状态，分析其危险的大小，查找可能会出现的隐患。

危险源的能量状态也可以分为两类，通常把可能发生意外释放的能量（能量源或能量载体）或危险物质称作第一类危险源；把造成约束、限制能量和危险物质措施失控的各种不安全因素称作第二类危险源。包括物的不安全状态、人的不安全行为、管理缺陷，也就是通常我们所说的隐患，这几点是我们辩识危险源的关键。

物的不安全状态是指机械设备、装置、元部件等由于性能低下而不能实现预定功能的现象。物的不安全状态可能是固有的，由于设计、制造缺陷造成的；也可能是由于维修、使用不当或磨损、腐蚀、老化等原因造成的。

人的不安全行为是指人的行为结果偏离了被要求的标准，即没有完成规定功能的现象。人的不安全行为也属于人的失误。人的失误会造成能量或危险物质控制系统的故障，使屏蔽破坏或失效，从而导致事故发生。

管理缺陷是指安全管理措施不到位或管理松懈、可能会对安全造成影响甚至引发事故的缺陷。比如制度不健全、制度没能很好地落实等。

三是从触发因素上辩识，从而消除隐患，保证安全。

当然，危险源仅仅辨识出来就不管了，是没有任何意义的，辨识出的危险源要及时控制和整改，才能起到预防事故的作用。这需要每一个员工的自觉，更需要企业或班组的督促和检查，动态管理，科学评价，才能有效控制，并持续改进。危险源的控制可从三方面进行，即技术控制、人行为控制和管理控制。

（1）技术控制

即采用技术措施对固有危险源进行控制，主要技术有消除、控制、防护、隔离、监控、保留和转移等。

（2）人行为控制

即控制人为失误，减少人不正确行为对危险源的触发作用。人为失误的主要表现形式：操作失误，指挥错误，不正确的判断或缺乏判断，粗心大意，厌烦，懒散，疲劳，紧张，疾病或生理缺陷，错误使用防护用品和防护装置等。人行为的控制首先是加强教育培训，做到人的安全化；其次应做到操作安全化。

（3）管理控制

可采取以下管理措施，对危险源实行控制。

①建立健全危险源管理的规章制度。包括岗位安全生产责任制、危险源重点控制实施细则、安全操作规程、操作人员培训考核制度、日常管理制度、交接班制度、检查制度、信息反馈制度，危险作业审批制度、异常情况应急措施、考核奖惩制度等。

②明确责任、定期检查。应根据各危险源的等级，分别确定各级的负责人，并明确他们应负的具体责任，特别要明确各级危险源的定期检查责任。除了作业人员必须每天自查外，还要规定各级领导定期参加检查。

③加强危险源的日常管理。要严格要求作业人员贯彻执行有关危险源日常管理的规章制度。搞好安全值班、交接班，按安全操作规程进行操作；按安全检查表进行日常安全检查；危险作业经过审批等。所有活动均应按要求认真做好记录。领导和安全技术部门定期进行严格检查考核，发现问题，及时给予指导教育，根据检查考核情况进行奖惩。

第七章

学会事故预防方法，守牢事故预防的『防火墙』

控制事故，关键在于预防。预防事故是控制事故的『防火墙』，也是至关重要的一道关口。只有掌握事故预防要点，针对不同类型的事故采取不同的防范方法，有的放矢，对症下药，守牢事故预防的防线，才能把事故消灭在发生之前。

⚠ 1. 防范胜于救灾，杜绝事故的关键在于预防

防范胜于救灾，事故发生后再来抢救，肯定不如事故发生前及时预防来得有效，来得有力，也来得有用。所以我们的安全总方针是"安全第一，预防为主"。"防患于未然"，未灾前"徙薪"，而不是"亡羊"后"补牢"。

《汉书·霍光传》里记载了一个曲突徙薪的典故：有一家人修了新房子，但厨房没有安排好，烧火的土灶烟囱砌得太直，土灶旁边堆着一大堆柴草。

一天，这家主人请客。有位客人看到主人家厨房的这些情况，就对主人说："你家的厨房应该整顿一下。"

主人问道："为什么呢？"

客人说："你家烟囱砌得太直，柴草放得离火太近。你应将烟囱改砌得弯曲一些，柴草也要搬远一些，不然的话，容易发生火灾。"

主人听了，笑了笑，不以为然，没放在心上，不久也就把这事忘到脑后去了。

后来，这个人家果然失了火，左邻右舍立即赶来，有的浇水，有的撒土，有的搬东西，大家一起奋力扑救，大火终于被扑灭，除了将厨房里的东西烧了一小半外，总算没酿成大祸。

为了酬谢大家的全力救助，主人杀牛备酒，办了酒席。席间，主人热情地请被烧伤的人坐在上席，其余的人也按功劳大小依次入座，唯独没有请那个建议改修烟囱、搬走柴草的人。

大家高高兴兴地吃着喝着。忽然有人提醒主人说："要是当初您听了那位客人的劝告，改建烟囱，搬走柴草，就不会造成今天的损失，也用不着杀牛买酒来酬谢大家了。现在，您论功请客，怎么可以忘了那位事先提醒、劝告您的客人呢？难道提出防火的没有功，只有参加救火的人才算有功吗？我看哪，您应该把那位劝您的客人请来，并请他上席才对呀！"

主人听了，赶忙把那位客人请来，不但说了许多感激的话，还真的请他坐了上席，众人也都拍手称好。

事后，主人修建厨房时，就按那位客人的建议，把烟囱砌成弯曲的，柴草也放到安全的地方去了，因为以后的安全更重要。

曲突徙薪，意即事先采取措施，防患于未然。应该说，这家人的火灾，完全能够避免，因为即便他们对隐患缺乏基本的防范常识，在客人告知后也应当有所警惕。如果这家人听了客人的劝告，很可能避免火灾，也用不着众人相救了。这里，谁的功劳大是一目了然的。

还有一个大家都知道的成语就是亡羊补牢，典出《战国策·楚策》。

从前，有个牧羊人养了一圈羊。一天早晨，发现羊少了一只，原来羊圈破了个窟窿，夜间狼进来，把羊叼走了。邻居劝他说："赶快把羊圈修一修，堵上窟窿吧！"他说："羊都已经丢了，还修羊圈干什么？"第二天早上，发现羊又少了一只。原来狼又故伎重演，把羊叼走了。牧羊人很后悔，于是就赶紧堵上了窟窿，把羊圈修好了。从此狼就再也不能钻进来叼羊了。

亡羊补牢，表达的是发生错误以后，如果赶紧去挽救，还不为迟的意思。这个成语算是在安全工作中用得最多的一个了。

显而易见，"徙薪"胜于"补牢"，也就是防范胜于救灾。虽然这两个成语都是说安全，但若比较一下，则高下立分："曲突徙薪"显然比"亡羊补牢"好很多。只要提前采取措施预防一下，就完全可以避免发生"亡羊"

的代价。所以说，"曲突徙薪"明显比"亡羊补牢"经济有效。但是现实情况是，仍然有许多问题都往往要发展到"亡羊"的地步才开始"补牢"。

无远虑者，必有近忧。面对灾难和危机，"亡羊补牢"固然可慰可诚，但"曲突徙薪"更是可嘉可勉，可作榜样。事实上，做到"曲突徙薪"并不是很难。很多时候，它只需要我们对安全多一些敬畏、少一点轻视，多一些忧患、少一点慵懒，多一些坚持、少一点放弃，多一些"较真"、少一点懈怠，就可以了。难的是让"曲突徙薪"成为规则、融入意识、化为自觉、养成习惯，每一位员工每一位领导都奉为预防圭臬，付诸行动，认真去做，真正贯彻到安全工作的方方面面，控制事故才算是真正落到了实处。

古语说："凡事预则立，不预则废"，防总胜于救。预防才是保证安全、杜绝事故最有效的措施。赶在危险之前发现危险，消除危险，才是避开危险最好的办法。"隐患险于明火，防范胜于救灾，责任重于泰山"，这句箴言不仅对于消防安全适用，对于任何行业、任何地方、任何事故的防范和控制，都是适用的。

⚠ 2. 发现事故背后的征兆，重视征兆背后的苗头

任何事故的发生都有一个过程，这个过程是一个从量变到质变的过程，这是事故发展的客观规律，通常把设备初露端倪的不正常迹象称为征兆。

正像"海因里希事故法则"所揭示的那样，每一起重大的事故背后，都有29起征兆，每一个征兆后面还会有300起苗头！也就是说，任何事

故的发生，都不会平白无故突如其来，而是有征兆的，有迹象的，是一系列安全隐患积累的结果。要预防事故，就需要抓住事故背后的征兆，重视征兆背后的苗头，找到苗头后面的事故规律，及早发现，及早防范，才能真正防范隐患，杜绝事故，保证安全。

某煤矿曾因瓦斯煤尘爆炸引发特大伤亡事故，导致数人死亡，多人轻伤，经济损失800余万元。而事故发生前早有预兆，只是没能引起重视。

这天早上上班不久，井下停电，到下午14时30分才送电，下午班的工人相继下井，开始工作。由于停电时井下通风不畅，有瓦斯聚集现象。当时有井下的工人提出"有股子怪味"，并报告了生产班长，但班长未向上报告，也未引起注意。

下午4点10分左右，掘进工作面工人打眼试电钻产生火花引起瓦斯爆炸，冲击波扬起巷道积尘，又引起了全矿井煤尘连续爆炸，导致井下多处巷道支架被推倒，顶板冒落，平硐和大巷砌碹顶冒落103处，机电设备多数位移变形并遭到不同程度的破坏，井下通风设施（风门、风桥、密闭）全部摧毁，并导致重大人员伤亡。

如果该矿全面落实"一通三防"齐抓共管的责任制，加强通风瓦斯矿井管理，采掘工作面都应采取独立通风，局扇要有专人管理，不得随意关停，严禁工作面微风、无风、循环风、扩散风作业，事故或许不会发生。矿井应按高瓦斯管理，严格执行"一炮三检"制度，防止瓦斯积聚，杜绝违章作业，特别要引起重视煤尘管理，健全机构充实人员，改善装备，完善洒水防尘系统，实行静压洒水除尘，工作面必须使用水炮泥，放炮前后喷雾洒水除尘，各转载点喷雾洒水，各主要进回风巷要设净化水幕，各采区工作面设隔爆设施，要定期清扫冲刷巷道，实现综合防尘。严格电气设备的管理，建立防爆设备下井前的检查验收制度和井下电气设备定期检查维修制度，完善井下各种保护装置，消灭井下各种电气设备的失爆现象。

很多重大事故其实都有足够多的征兆和苗头，只不过没有引起足够的重视和警惕，最终使事故不可避免。防范事故，要先从事故背后的苗头、事故背后的征兆开始。每一起事故都经历一个从隐患到苗头到征兆，最后发展到事故突发的变化过程，及时发现隐患、苗头和征兆，才能有效地把事故消灭在萌芽之中。

事实上，发现事故苗头并不容易，因为苗头并非事故，一些相应的症状容易被忽视。例如一个高压压力容器泄漏事故，当压力容器泄漏点出现潮湿时，人们不易发现；进而出现潮湿变大，形成水珠，人们也容易忽视它，常用空气潮湿来解释；当继续发展出有"嗞嗞"的声音时，可以发现了，人们还认为它一点点泄漏无碍大局；隐患进一步扩大，就会发生重大的泄漏事故。

控制事故，不重视征兆和苗头是不行的，但事故苗头是极易被人们忽视的。要及早发现隐患和事故苗头，需要一双慧眼，更需要充分的知识和丰富的生产实践经验。这样才能对设备的正常工作状态、性能十常熟悉，对事故苗头的不正常之处有着特别的敏锐。如果缺乏这些，就会对苗头视而不见，直到从事故苗头渐变成事故，才悔之已晚。

俗话说："小洞不补，大洞吃苦"，苗头是事故的前兆和信号，它们之间并没有一条不可逾越的鸿沟。出现苗头若不及时消除，就可能演变成事故。因此，我们要善于通过苗头看事故，抓住事故背后的征兆，不放过征兆背后的苗头，通过苗头查问题、找漏洞，才能做到将事故禁于未萌、止于未发，防患于未然。

⚠ 3. 规范操作，预防机械伤害事故

机械伤害事故是人们在操作或使用机械过程中因机械故障或操作人员的不安全行为等原因造成的伤害事故。发生事故以后，受伤者轻则皮肉损伤，重则伤筋动骨、断肢致残，甚至危及生命。

某建筑公司在生产过程中，木工组张某在未经现场管理人员同意的情况下，擅自将一块直径30厘米，厚3毫米的砂轮钢筋切割片安装于电锯上，接通电源后打磨木工圆盘锯片。高速旋转的砂轮切割片因受侧压而突然破碎，切割碎片飞出，刺入张某本人左胸处，造成其胸部重伤。现场人员急忙将他送往医院抢救，但是由于伤势过重，经抢救无效于当日死亡。

机械作业是相当危险的，如果不能严格按照安全操作规程来操作，安全就不可能有保证，就一定会发生事故，发生伤害。所以，机械加工企业班组对于安全更需要提高警惕，高度防范。预防机械伤害应从以下几个方面入手。

（1）检查机械设备是否按有关安全要求，装设了合理、可靠又不影响操作的安全装置。

（2）检查零部件是否有磨损严重、报废和安装松动等迹象，发现后应及时更换、修理，防止设备带病运行。

（3）检查电线是否破损，设备的接零或接地等设施是否齐全、可靠。

（4）检查电气设备是否有带电部分外露现象，发现后应及时采取防护措施。

（5）检查重要的手柄的定位及锁紧装置是否可靠，发现问题及时修理。

（6）检查脚踏开关是否有防护罩或藏入机身的凹入部分内，如果没有，应改正以后才能操作。

（7）操作人员在操作时应按规定穿戴劳动防护用品，机械加工严禁戴手套操作，留长发人员应戴工作帽，且长发不得露出帽外。

（8）操作设备前应先空车运转，确认正常后再投入运行。

（9）刀具、工夹具以及工件都要装卡牢固，不得松动。

（10）不得随意拆除机械设备的安全装置。

（11）机械设备在运转时，严禁用手调整、测量工件或进行润滑、清扫杂物等。

（12）机械设备运转时，操作者不得离开工作岗位。

（13）工作结束后，应关闭开关，把刀具和工件从工作位置退出，并清理好工作场地，将零件、工夹具等摆放整齐，保持好机械设备的清洁卫生。

⚠ 4. 小心用电，预防触电伤亡事故

触电事故是指操作人员身体接触高压或低压带电设备或导线，引起的触电伤害事故。电工（高、低压）作业、电焊作业都是特种作业。国家规定特种作业人员必须经过安全知识、操作技能培训然后考试合格取得"特

种作业操作证"并持证上岗。因为没有相应的技术，是不可能做到安全操作的。一不小心或疏忽大意、违章操作，就会带来生命危险。而触电事故，重者死亡，轻者致残，后果非常严重。所以，对于触电事故，也需要我们时时防范。

某厂动力车间变电班，在对三分厂2号分变电所进行小修定保时，拉下10千伏高压负荷开关，听到变压器的声响停止，以为已经断电，作业者爬上高压侧准备清扫母排，当即被电击倒在三根高压铝排上丧命。

某厂降压站值班人员反映1号主变黄相电流互感器油位不到位，主管工程师便到110千伏降压站，把111护栏的门锁（未锁）拿下来，然后进去看黄相电流互感器的油位。瞬间一声响，高压击穿其胸部，上肢、下肢60%被电弧II度烧伤致残。电站主管工程师未办任何手续，也未经值班负责人同意，在无人监护下只身进入护栏内察看油标，超越了安全距离而导致放电烧伤实不应该。

从以上案例可以看出，触电事故极有可能危及作业者的生命，因此，预防为主是人命关天的大事。防范触电事故主要做到以下几个方面。

（1）电气操作属特种作业，操作人员必须经培训合格，持证上岗。

（2）车间内的电气设备，不得随便乱动。如果电气设备出了故障，应请电工修理，不得擅自修理，更不得带故障运行。

（3）经常接触和使用的配电箱、配电板、闸刀开关、按钮开关、插座、插销以及导线等，必须保持完好、安全，不得有破损或带电部分裸露现象。

（4）在操作闸刀开关、磁力开关时，必须将盖盖好。

（5）电气设备的外壳应按有关安全规程进行防护性接地或接零。

（6）使用手电钻、电砂轮等手用电动工具时，必须要注意以下几点。

①安设漏电保安器，同时工具的金属外壳应防护接地或接零；

②若使用单相手用电动工具时，其导线、插销、插座应符合单相三眼

的要求；使用三相的手动电动工具，其导线、插销、插座应符合三相四眼的要求；

③操作时应戴好绝缘手套和站在绝缘板上；

④不得将工件等重物压在导线上，以防止轧断导线发生触电。

（7）使用的行灯要有良好的绝缘手柄和金属护罩。

（8）在进行电气作业时，要严格遵守安全操作规程，遇到不清楚或不懂的事情，切不可不懂装懂，盲目乱动。

（9）一般禁止使用临时线。必须使用时，应经过机动部门或安技部门批准，并采取安全防范措施，要按规定时间拆除。

（10）移动某些非固定安装的电气设备，如电风扇、照明灯、电焊机等，必须先切断电源。

（11）在雷雨天，不可靠近高压电杆、铁塔、避雷针的接地导线20米以内，以免发生跨步电压触电。

（12）发生电气火灾时，应立即切断电源，用黄沙、二氧化碳、四氯化碳等灭火器材灭火。切不可用水或泡沫灭火器灭火。

（13）打扫卫生、擦拭设备时，严禁用水冲洗或用湿布擦拭电气设备，以防发生短路和触电事故。

（14）建筑行业用电，必须遵守用电规范。

对已造成触电事故的人员进行正确实施科学救护，是降低事故伤害程度的关键。一旦发生电气伤害事故，必须沉着应对，采取正确的方法进行施救。

对于低压触电事故，可采用以下方法使触电者脱离电源：如果触电地点附近有电源开关或电源插销，可立即拉开开关或拔出插销，断开电源；如果触电地点附近没有电源开关或电源插销，可用有绝缘柄的电工钳或有干燥木柄的斧头切断电线，断开电源，或用干木板等绝缘物插到触电者身下，以隔断电流。当电线搭落在触电者身上或被压在身下时，可用干燥的衣服、手套、绳索、木板，木棒等绝缘物作为工具，拉开触电者或拉开电线，使触电者脱离电源，如果触电者的衣服是干燥的，又没有紧缠在身上，可以用一只手抓住他的衣服，拉离电源。但因触电者的身体是带电的，其鞋的绝缘也可能遭到破坏。救护人不得接触触电者的皮肤，也不能抓他的鞋。

对于高压触电事故，应立即通知有关部门断电，带上绝缘手套，穿上绝缘靴，用相应电压等级的绝缘工具按顺序拉开开关。抛掷金属线使线路短路接地，迫使保护装置动作，断开电源。注意抛掷金属线之前，先将金属线的一端可靠接地，然后抛掷另一端，注意抛掷的一端不可触及触电者和其他人。

如果触电者伤势不重、神志清醒，应使触电者安静休息，不要走动。严密观察并请医生前来诊治或送往医院，如果触电者伤势较重，已失去知觉，但还有心脏跳动和呼吸，应使触电者舒适、安静地平卧，周围不围人，使空气流通，解开他的衣服以利呼吸，速请医生诊治或送往医院；如果触电者伤势严重，呼吸停止或心脏跳动停止，或二者都已停止，应立即施行人工呼吸和胸外心脏挤压，并速请医生诊治或送往医院。

⚠ 5. 加强现场管理，谨防物体打击事故

物体打击伤害往往表现为飞出或弹出的物体，如工具、工件、零件等对人员造成的伤害。物体打击往往伤害重，而且直接，极易造成人员的伤亡，故而要小心防范。

某建筑公司分包的高层工地，分包单位外墙粉刷班为图操作方便，经

安全第一

班长同意后，拆除机房东侧外脚手架顶排朝下第四步围档密目网，搭设了操作小平台。在10时50分左右，粉刷工张某在取用粉刷材料时，觉得小平台上料口空档过大，就拿来了一块180×20×5厘米的木板，准备放置在小平台空档上。在放置时，因木板后段绑着一根20#铁丝钩住了脚手架密目网，张某想用力甩掉铁丝的钩扎，不料用力太大而失手，木板从100米高度坠落，正好击中运送建筑垃圾的普工杨某脑部。事故发生后，现场立即将杨某送往医院抢救，终因杨某伤势过重，于第二天7时30分死亡。

物体打击事故的后果是相当严重的。所以现场作业一定要高度警惕此类事故的发生。预防物体打击事故，可从以下几个方面入手。

（1）牢固树立不伤害他人和自我保护的安全意识。

（2）高处作业时，禁止乱扔物料，清理楼内的物料应设溜槽或使用垃圾桶。手持工具和零星物料应随手放在工具袋内，安装更换玻璃要有防止玻璃坠落措施，严禁乱扔碎玻璃。

（3）吊运大件要使用有防止脱钩装置的钓钩和卡环，吊运小件要使用吊笼或吊斗，吊运长件要绑牢。

（4）高处作业时，对斜道、过桥、跳板要明确专人负责维修、清理，不得存放杂物。

（5）严禁操作带病设备。

（6）排除设备故障或清理卡料前，必须停机。

（7）放炮作业前，人员要隐蔽在安全可靠处，无关人员严禁进入作业区。

⚠ 6. 严守起重安全规范，杜绝起重伤害事故

起重作业属于特殊作业，因其对技术要求较高、危险性较大、容易发生事故。所以，对于起重作业，一定要严守安全操作规范，消除马虎大意的思想，认真仔细，才能避免事故的发生。否则，就会发生重大伤害。这样的教训比比皆是。

施工人员按张某的布置，通过陆侧（远离江一侧）和江侧（靠近江一侧）卷扬机先后调整刚性腿的两对内、外两侧缆风绳，现场测量员通过经纬仪监测刚性腿顶部的基准靶标志，并通过对讲机指挥两侧卷扬机操作工进行放缆作业（调整时，控制靶位标志内外允许摆动20毫米）。放缆时，先放松陆侧内缆风绳，当刚性腿出现外偏时，通过调松陆侧外缆风绳减小外侧拉力进行修偏，直至恢复至原状态。通过10余次放松及调整后，陆侧内缆风绳处于完全松驰状态。此后，又使用相同方法和相近的次数，将江侧内缆风绳放松调整为完全松弛状态，约7时55分，当地面人员正要通知上面工作人员推移江侧内缆风绳时，测量员发现基准标志逐渐外移，并逸出经纬仪观察范围，同时还有现场人员也发现刚性腿不断地在向外侧倾斜，直到刚性腿倾覆，主梁被拉动横向平移并坠落，另一端的塔架也随之倾倒，导致特大安全事故发生，造成多人死亡，3人受伤，直接经济损失8000多万元。

起重作业属于特殊行业，危险性较高，更需要作业时做到细、实、严。只要细心检查，用心排查，事故是可以避免的。预防起重机伤害事故，要做到以下几点。

（1）起重作业人员须经有资格的培训单位培训并考试合格，才能持证上岗。

（2）起重作业人员在操作前应检查起重机械的安全装置，如起重量限制器、行程限制器、过卷扬限制器、电气防护性接零装置、端部止挡、缓冲器、联锁装置、夹轨钳、信号装置等是否齐全可靠，否则不准进行操作。

（3）平时应严格检验和修理起重机机件，如钢丝绳、链条、吊钩、吊环和滚筒等，发现报废的应立即更换。

（4）建立健全维护保养、定期检验、交接班制度和安全操作规程。

（5）起重机运行时，任何人不准上下；也不能在运行中检修；上下吊车要走专用梯子。

（6）起重机的悬臂能够伸到的区域不得站人；电磁起重机的工作范围内不得有人。

（7）吊运物品时，吊物不得从人头上过；吊物上不准站人；不能对吊挂着的东西进行加工。

（8）起吊的东西不能在空中长时间停留，特殊情况下应采取安全保护措施。

（9）起重机驾驶人员接班时，应对制动器、吊钩、钢丝绳和安全装置进行检查，发现性能不正常时，应在操作前将故障排除。

（10）开车前必须先打铃或报警，操作中接近人时，也应给予持续铃声或报警。按指挥信号操作，对紧急停车信号，不论任何人发出，都应立即执行。

（11）确认起重机上无人时，才能闭合主电源进行操作。

（12）工作中突然断电时，应将所有控制器手柄扳回零位；重新工作前，应检查起重机是否工作正常。

（13）在轨道上露天作业的起重机，当工作结束时，应将起重机锚定住；当风力大于6级时，一般应停止工作，并将起重机锚定住；对于门座起重机等在沿海工作的起重机，当风力大于7级时，应停止工作，并将起重机锚定好。

（14）当司机维护保养时，应切断主电源，并挂上标志牌或加锁。如有未消除的故障，应通知接班的司机。

⚠ 7. 提高安全意识，防范高处坠落事故

高处坠落事故是指在高处作业中发生坠落造成的伤亡事故。高处作业指在坠落基准面2米以上的高处进行的作业。高处作业如果不做好防护，不遵章守纪，不严格按照操作规程操作，就会发生事故。

在拆除引桥支架施工过程中，杨某（木工）被安排上支架拆除万能杆件，杨某在用割枪割断连接弦杆的钢筋后，就用左手往下推被割断的一根弦杆，弦杆在下落的过程中，其上端的焊刺将杨某的左手套挂住，杨某被下坠的弦杆拉扯着从18米的高处坠落，头部着地，当即死亡。

某医疗中心D区工程工地，在降低塔吊高度时，因塔吊平衡臂突然断裂，造成塔吊上施工的2名工人从高处坠落，当场死亡，8人不同程度受伤，其中1人抢救无效死亡。全班组的生产能力大受影响。从事故现场发现，这10名工人在作业时，无一人佩戴安全帽和系安全带。

某在建工地，发生塔吊坍塌高坠事故，造成5人死亡，1人重伤。

高处坠落，非死即伤，而且大多会造成重伤，导致残疾。所以，高处作业时一定要做好防护工作，系好安全带、戴好安全帽，谨防坠落事故发生。预防高处坠落事故要注意以下几点。

（1）熟悉高处作业的方法，掌握技术知识，执行安全操作规程。作业时要指定专人进行现场监护。

（2）禁止患有高血压、心脏病、癫痫病等禁忌病症的人员和孕妇从事高处作业。

（3）高处作业时要系好安全带，戴好安全帽，不准穿硬底鞋，以防滑倒导致坠落事故。

（4）作业前要检查护栏、架板是否牢固，有洞口的地方要盖好，在较危险的部位应在下方装设平网。

（5）做好楼梯口、电梯口、预留洞口和出入口的"四口"防护。

（6）在建筑施工中做好"五临边"的防护工作，"五临边"是指尚未安装栏杆的阳台周边、无外架防护的屋面周边、框架工程楼层周边、上下跑道及斜道的两侧边、卸料平台的外侧边等。

（7）在恶劣天气中（指六级以上强风、大雨、大雪、大雾等），禁止从事露天高处作业。

⚠ 8. 加强危险品管理，避免爆炸事故

　　爆炸一般分为化学性和物理性爆炸两种类型。前者主要包括炸药、火药、可燃气体、蒸汽或粉尘等爆炸，后者主要包括锅炉、压力容器、钢铁水爆炸等。

　　工业爆炸事故危害性大，人员伤亡和经济损失重大，造成的社会影响也比较大。因为爆炸事故往往不仅单纯地破坏工厂设施、设备或造成人员伤亡，还会由于各种原因，进一步引发火灾等。一般后者的损失是前者的10 ~ 30倍；化学工业的爆炸事故最多，而且爆炸后引发火灾事故所占的比例也最高；在很多情况下，爆炸事故发生的时间都很短，几乎没有初期控制和疏散人员的机会，因而伤亡较多。因此对容易发生爆炸事故的场所进行重点监控并采取预防措施是预防爆炸事故的重要手段。特别对于危险品，一定要严加管理。因为危险品一旦爆炸，后果是难以想象的。防范爆炸事故注意以下几点。

　　（1）采取监测措施，当发现空气中的可燃气体、蒸汽或粉尘浓度达到危险值时，就应采取适当的安全防护措施。

　　（2）在有火灾、爆炸危险的车间内，应尽量避免焊接作业，进行焊接作业的地点必须要和易燃易爆的生产设备保持一定的安全距离。

　　（3）如需对生产、盛装易燃物料的设备和管道进行动火作业时，应严格执行隔绝、置换、清洗、动火分析等有关规定，确保动火作业的安全。

　　（4）在有火灾、爆炸危险的场合，汽车、拖拉机的排气管上要安火

星熄灭器。

（5）搬运盛有可燃气体或易燃液体的容器、气瓶时要轻拿轻放，严禁抛掷，防止相互撞击。

（6）进入易燃易爆车间应穿防静电的工作服，不准穿带钉子的鞋。

（7）对于物质本身具有自燃能力的油脂、遇空气能自燃的物质以及遇水能燃烧爆炸的物质，应采取隔绝空气、防水、防潮或采取通风、散热、降温等措施，以防止物质自燃和爆炸。

（8）相互接触会引起爆炸的物质不能混合存放，遇酸、碱有可能发生分解爆炸的物质应避免与酸碱接触，对机械作用较为敏感的物质要轻拿轻放。

（9）防止生产过程中易燃易爆物的跑、冒、滴、漏，以防扩散到空间而引起火灾爆炸事故。

（10）锅炉操作人员必须经过有资格的培训单位培训并考试合格，取得操作证以后方可进行操作。

（11）锅炉、压力容器在使用前应检查安全阀、压力表、液位计等安全装置是否完好，否则不准使用；严禁超温超压运行。

（12）废旧金属在进入冶炼炉以前必须经过检查，清除里面可能混进的爆炸物。

（13）经常保持金属冶炼、浇注场地干燥，不能有积水，以防高温金属液泄露遇水发生爆炸。

⚠ 9. 抓好矿山施工安全，防范坍塌及冒顶事故

矿山安全一直是安全生产管理的重要战场，许多重大、特大的事故都发生在矿山，因而矿山安全对于安全生产有着重要意义。

矿山事故主要是爆炸、坍塌和冒顶、透水、突出等事故。坍塌事故指物体在外力和重力的作用下，超过自身的极限强度，结构稳定失衡塌落而造成物体高处坠落、物体打击、挤压伤害及窒息等事故。这类事故因塌落物自重大、作用范围大，往往伤害人员多，后果严重，常造成重大或特大人身伤亡事故。

某煤矿发生坍塌事故，造成了4人被煤渣掩埋在井下，其中3人被救援人员刨出时已死亡，只有1人生还。当时4名矿工正在井下作业，突然井内出现塌方，4名矿工被掩埋。在事发当天17时20分，一名被困矿工被救出，到23时20分，救援人员又发现了一名被困人员，但将其身上的煤渣刨开时，发现他已经停止了呼吸。救援工作持续至第二日23时15分才宣告结束。

某煤业公司因连降暴雨，发生采空区垮冒溃浆事故，导致矿井上方地面近7000立方米泥土出现塌方，并压在300米深的井下。当时22人被困井下。经过全力抢救，2名矿工在黑暗的矿井下经历188小时后奇迹生还，但仍有11名矿工遇难。

矿山坍塌事故是矿山人员伤亡的重大源头。因而要提早预防，杜绝事故发生，避免人员伤亡。

（1）挖土方时，发现边坡附近土体出现裂纹、掉土及塌方险情时，应立即停止作业，下方人员要迅速撤离危险地段，查明原因后，再决定是否继续作业。

（2）加强对脚手架的日常检查维护，重点检查架体基础变化，各种支撑及结构联结的受力情况。

（3）当脚手架的前部基础沉陷或施工需要掏空时，应根据具体情况采取加固措施。

（4）当隐患危及架体稳定时，应立即停止使用，并制订针对性措施，限期加固处理。

（5）在支搭与拆除作业过程中要严格按规定和工作顺序进行。

冒顶事故是井下矿山生产中发生的顶板冒落的事故，是威胁矿工人身安全健康的灾害之一。据统计，在全国矿山每年因工死亡人数中，有40%死于冒顶事故。

某煤矿发生冒顶事故，共造成5人死亡，3人受伤。据介绍，当日23时56分，该厂工进行扩掘时，顶板冒落，当班共有10名工人，冒落区域作业人员8人被埋，终致5死3伤。

某焦煤分公司主斜井延伸项目掘进头发生冒顶事故，造成10人被困。虽搜救及时，但最终确认井下10人全部遇难。

因此，加强对冒顶事故的预防具有十分重要的意义。防范冒顶事故的发生主要从以下几个方面入手。

（1）识别冒顶事故发生前的征兆，并采取相应的防范措施，是预防冒顶事故的重要方法。冒顶前的征兆主要有以下几点。

①回采工作面冒顶前的征兆

▲顶板连续发生断裂声，采空区内顶板发出闷雷声。

▲顶板掉渣增多，裂缝增加，裂缝口变大。顶板下沉量明显增大。

▲电钻打眼变得省力；这是因为冒顶前顶板压力增加，煤壁受压，片帮增多，煤壁被压疏，因而导致机械设备工作时负荷减小。

▲工作面的木支架发生折断，可听到支架折断的声音，如底板岩性松软或分层开采支柱在煤层上，则支柱的下缩量增加。

▲瓦斯涌出量或淋水量增加。

②局部冒顶前的征兆

▲顶板岩石已有裂缝和缺口，其中小矸石稍受震动就掉落或有掉渣现象。

▲支架受力大，发出声响，金属支架活柱下降。

▲支架棚在支柱上错偏，棚梁上有声响，煤壁大片脱落片帮。

（2）对回采工作面的冒顶事故应重点预防。

①应根据顶板岩石性质及岩石移动规律，选择正确的支架形式。

②当矿层倾角不大，顶板破碎而且压力较大时，宜采用横板棚子。当煤层倾角较大时，宜采用顺板棚子。

③回采工作面必须平整，不得留有伞檐和松动煤块。

④工作面和支架以及溜子都要尽量保持直线，而且必须及时支架。

⑤在打眼、放炮、割煤、移溜子等作业中碰到活损坏的支架必须及时修复，移溜子头时拆除支架的地点，必须及时加设临时点柱。

⑥支架要架设牢固，禁止在浮煤上架设。

⚠ 10. 注意有毒环境防护，严防中毒窒息事故

当人体在有窒息性气体环境中时，窒息性气体导致人体呼吸系统终止呼吸而造成的伤亡事故就是中毒窒息事故。对于有限空间作业、非煤矿山、地下管道及其他特殊作业的班组而言，中毒窒息事故将是防范的重点。因为一不小心就会发生伤亡甚至是重大伤亡事故。

某装饰有限公司的两名工人，在车站街清理下水道时，先后在 3 米深的污水沟里窒息死亡；

某施工队职工在清理炼油厂的污水池时，两人在污水池内中毒窒息死亡；

某氯碱化工公司电石项目部发生一氧化碳中毒事故，导致进行施工作业的某化工有限公司 3 名施工人员遇难，还造成其他 6 人中毒。

某有色金属公司厂坝铅锌矿极护队在巡查矿区时，3 名职工进入一废弃矿硐查看，但久久没有升井。矿方在接到矿硐口留守监护人员的报告后，先后组织两批 11 人入硐搜寻营救。经全力抢险，有 1 人被救出。但事故还是造成 6 名职工不同程度中毒，8 名职工遇难。

这几起事故的一个突出特点是，第一名工人中毒晕倒后，其他人员在没有任何防护措施的情况下盲目救援，前赴后继，造成群死群伤。预防中毒窒息事故应根据环境中可能存在的窒息性气体的种类，采取相应的预防

措施。通常，预防中毒窒息事故应从以下几个方面入手。

（1）预防一氧化碳中毒

①冬天屋内生煤炉取暖必须使用烟囱，使"煤气"能够顺利排到室外。

②在产生一氧化碳的场所应经常测定空气中的一氧化碳浓度或设立一氧化碳警报器和红外线一氧化碳自动记录仪，监测一氧化碳浓度变化。

③进行煤气生产时应定期检修煤气发生炉和管道及煤气水封设备，防止一氧化碳泄漏。

④生产场所应加强自然通风，产生一氧化碳的生产过程要加强密闭通风；矿井放炮后必须通风20分钟以后，方可进入生产现场。

⑤进入一氧化碳浓度大的场所工作时，须戴防毒面具；操作后，应立即离开，并适当休息；作业时最好多人同时工作，便于发生意外时自救、互救。

（2）预防氮氧化物中毒

①酸洗设备及硝化反应锅应尽可能密闭和加强通风排毒。

②定期维修设备，防止毒气泄漏。

③加强个体防护，进入氮氧化物浓度较高的场所工作时应戴防毒面具。

（3）预防氯中毒

①严守安全操作规程，防止跑、冒、滴、漏，保持管道负压。

②排放含氯废气前须经石灰净化处理。

③检修或现场抢救时必须戴防护面具。

（4）预防氢氰酸中毒

①加强密闭通风。

②严格遵守安全操作规程。如氰化物的保管、使用和运输应有专人负责；建立严格的专用制度；用氰化物熏仓库时要防止门窗漏气，并须经充分通风方可进入。

③加强个体防护。应配备防护服、手套、防毒口罩（活性炭滤料）或

供氧式防毒面具，车间应配备洗手、更衣设备以及急救药品。

④操作工人在就业前应进行体检，上岗后还应定期体检。

（5）预防硫化氢中毒

①改进工艺，减少硫化物的用量。

②加强密闭、通风，经常测定车间硫化氢的浓度。

③排放硫化氢以前，应采取净化措施。

④加强个体防护。进入具有硫化氢中毒危险的场所时，应先对环境毒情进行检测，并采取通风置换，戴防毒面具等措施。进入井、坑作业，应带好和拴牢安全带，佩戴氧气呼吸器面具，使用信号联系，并有专人监护。

⑤在有硫化氢的生产中，要按工艺严细操作，防止失控。

⑥有神经、呼吸系统疾患，眼睛等器官有明显疾患者，不应从事硫化氢的作业。

事故是可以预防的，只要员工小心谨慎，不放过任何一个隐患，不进行一次违章操作，把安全时时放在心上，掌握事故预防的要点，一定可以把事故消灭在发生之前。

⚠ 11. 学会事故应急逃生技巧，避免二次伤害

事故应急分两步，一是准备，二是逃生。准备是为了能迅速有效地开展应急行动，针对可能发生的事故预先所做的各种准备。班组人员应该做的准备包括：明确各自的职责，明了逃生路线、方法和疏散地点，掌握报警程序，熟练掌握常用的急救方法，熟知常见事故应急处置方案，救助其

他人员，参与抢险和调查等。

（1）基本应急准备

①每一个人都要明确各自的职责。每一个员工都要学习并掌握急救知识、应急处置知识等；掌握报警程序，如果是事故第一目击者，应立即报警；积极逃生、救人以及参与抢险和事故调查等；参与污染物清理、生产恢复等后期处置工作。

②明了逃生路线、方法和疏散地点。突发重大事故发生后，班组员工首先应该立即逃生，确保自己安全后，在有能力抢救身边的伤者的情况下救助他人，最后才是参与救灾抢险；既然要逃生，那就要事先明了逃生路线、方法和疏散地点，避免临时抱佛脚，乱了方向。通过平时的教育培训以及其他安全活动，班组人员要认真学习逃生知识，熟记疏散路线、紧急集合地点、疏散程序以及一些指示标志，以确保事发时能够及时正确地逃生。

（2）掌握报警程序

事故发生后，作为现场第一发现人的班组人员，应该及时报警。除了清楚知道 119 和 120 外，还要牢记单位应急指挥中心的电话号码。因为只有及时地将情况报告给相应的上级领导，才能迅速地实施应急救援，挽救尽可能多的损失。

一般人员必须清楚以下内容：

①现场报警方式，如电话、警报器等。

② 24 小时与相关部门的通信、联络方式。

③相互认可的通告、报警形式和内容。

报警的内容包括：

①发生事故的具体地点和时间。

②事故类型，如火灾、爆炸、中毒等。

③发生事故的可能原因，影响范围。

④有无人员伤亡。

⑤事故的现状、严重程度，及其他相关情况。

（3）熟练使用各种防护装置

安全防护装置通常采用壳、罩、屏、门、盖、栅栏、封闭式装置等作为物体障碍，将人与危险隔离。如金属制的防护箱罩常用于齿轮传动或传输距离不大的传动装置的防护，金属制成的防护网常用于皮带传动装置的防护，栅栏式防护装置适用于防护范围比较大的场合或作为移动机械临时作业的现场防护。

①安全防护装置的功能

▲防止人体任何部位进入机械的危险区，避免被各种运动零部件碰伤、剐蹭或高温物体烫伤。

▲防止飞出物的打击（如意外抛出、掉下的零件、碎片等）、高压液体的意外喷射或防止人体被灼烫、腐蚀等。

▲对作业人员施加约束，避免其离开安全区域。

▲减小噪声、振动对人体的伤害。

▲隔离电、高温、火、辐射等。

▲吸收或排除粉尘、爆炸物、烟雾等。

▲吸收撞击能量，减缓速度和碰撞力。

②安全防护装置的类型

▲活动防护装置

动力操作式防护装置：借助非人力或重力的动力源进行操作的活动式防护装置；

自关闭式防护装置：靠机器零件（如移动台）或工件或机器夹具部件操作的活动式防护装置，以便让工件（和夹具）通过，当工件一离开让其通过的开口，就自动恢复到（借助重力、弹簧、其他外部动力等）关闭位置；

可控防护装置：它是具有联锁装置（有或无防护锁定）的防护装置。在防护装置关闭前，被其"抑制"的危险的机器功能不能执行；关闭防护装置，危险机器功能开始运行。

▲固定式防护装置

它以永久固定（如焊接等）或借助紧固件（如螺钉、螺栓等）固定，不用工具不可能拆除或打开的方式保持在应有位置（即关闭）的防护装置。常见型式有封闭式防护装置和距离防护装置。

封闭式：将危险区全部封闭，人员从任何地方都无法进入危险区；

距离防护装置：一种不完全封闭危险区的防护装置，但它能靠其尺寸的功能和其与危险区的距离防止或减少进入危险区，例如，周围栅栏或通道式防护装置。

可调式防护装置：它是一种整个装置可调或带有可调部分的固定式或活动式防护装置，在特定操作期间调整零件保持固定。

▲联锁防护装置

它是与联锁装置联用的防护装置，其作用是在防护装置关闭前，被其"抑制"的危险机器功能不能执行；当危险机器功能在执行时，如果防护装置被打开，就给出停机指令；当防护装置关闭时，被其"抑制"的危险机器功能可以执行，但防护装置关闭的自身不能启动它们的运行。

▲带防护锁定的联锁防护装置

它是一种具有联锁装置和防护锁紧装置的防护装置。其作用是在防护装置关闭和锁定前，被其"抑制"的危险机器功能不能执行；防护装置在危险机器功能伤害风险通过前，一直保持关闭和锁定；当防护装置关闭和锁定时，被其"抑制"的危险机器功能可以执行，但防护装置关闭和锁定的自身不能启动它们的运行。

③正确使用安全防护装置

▲不可随意拆卸防护装置。它也许真的妨碍到你，但是，也正是它在危险时刻挡在前面，作业者才免于受害；

▲按照标准配置、安装和使用。

（4）消防事故现场应急处置和逃生方法

火灾事故是人们日常生活和生产中最常见的一类事故，它以危害面大、祸及范围广、损失严重而令人闻之色变。对于一个企业而言，火灾事故造成的危害更是不言自明，轻则使工厂遭受严重的经济损失，阻碍工厂正常的生产进度，重则可以使一个大企业付之一炬，将企业推上倒闭之路。一旦发生火灾事故，往往造成巨大的财产损失或人员伤亡。因而防火工作是企业安全生产的一项重要内容。

对于事故现场的应急处置也要掌握应急逃生技术，及时有效地进行处置，才能将损失减到最小。

①火灾现场第一发现人员在确保自身安全的情况下，首先要拨打119火警电话进行报警，迅速启动火灾报警装置，同时报告现场值班人员或兼职应急救援人员。

现场值班人员或兼职应急救援人员接到火警报告后，应尽快查明火灾发生的具体位置、危险程度、受困人数等详细情况，并如实报告本单位事故应急救援组织部门。同时，拨打"119"火警电话和"120"急救电话。

②如果火势较小，而且火场附近没有易燃、易爆或有毒的危险物品，在火灾现场的兼职应急救援人员应尽快使用灭火器扑救初起火灾。

③发生火灾后，除兼职应急救援人员扑救现场初起火灾外，其他人员应向着背离火灾方向的逃生出口进行紧急疏散。在疏散过程中，每个人员都要注意用毛巾、衣服等捂住口鼻，防止吸入毒烟，发生中毒或窒息事故。

④如果火势较大，现场兼职应急救援人员应果断撤离，并将火场情况如实上报本单位应急指挥部门和到达现场的消防部门。

⑤在有人员受伤的情况下，首先要抢救伤员。

⑥到达安全地点的人员不得随意走动，要服从现场应急指挥部门发布的指令。

当你被困在火场内生命受到威胁时，在等待消防员救助的时间里，如果你能够利用地形和身边的物体采取积极有效的自救措施，就可以让自己命运由"被动"转化为"主动"，为生命赢得更多的"生机"。火场逃生不能寄希望于"急中生智"，只有靠平时对消防常识的学习、掌握和储备，危难关头才能应对自如，从容逃离险境。

①绳索自救法

家中有绳索的，可直接将其一端拴在门、窗档或重物上沿另一端爬下。过程中，脚要成绞状夹紧绳子，双手交替往下爬，并尽量采用手套、毛巾将手保护好。

②匍匐前进法

由于火灾发生时烟气大多聚集在上部空间，因此在逃生过程中应尽量将身体贴近地面匍匐或弯腰前进。

③毛巾捂鼻法

火灾烟气具有温度高、毒性大的特点，一旦吸入后很容易引起呼吸系统烫伤或中毒，因此疏散中应用湿毛巾捂住口鼻，以起到降温及过滤的作用。

④棉被护身法

用浸泡过的棉被或毛毯、棉大衣盖在身上，确定逃生路线后用最快的速度钻过火场并冲到安全区域。

⑤毛毯隔火法

将毛毯等织物钉或夹在门上，并不断往上浇水冷却，以防止外部火焰及烟气侵入，从而达到抑制火势蔓延速度、增加逃生时间的目的。

⑥被单拧结法

把床单、被罩或窗帘等撕成条或拧成麻花状，按绳索逃生的方式沿外墙爬下。

⑦跳楼求生法

火场切勿轻易跳楼！在万不得已的情况下，住在低楼层的居民可采取跳楼的方法进行逃生。但要选择较低的地面作为落脚点，并将席梦思床垫、沙发垫、厚棉被等抛下做缓冲物。

⑧管线下滑法

当建筑物外墙或阳台边上有落水管、电线杆、避雷针引线等竖直管线时，可借助其下滑至地面，同时应注意一次下滑时人数不宜过多，以防止逃生途中因管线损坏而致人坠落。

⑨竹竿插地法

将结实的晾衣杆直接从阳台或窗台斜插到室外地面或下一层平台，两头固定好以后顺杆滑下。

⑩攀爬避火法

通过攀爬阳台、窗口的外沿及建筑周围的脚手架、雨棚等突出物以躲避火势。

⑪楼梯转移法

当火势自下而上迅速蔓延而将楼梯封死时，住在上部楼层的居民可通过天窗等迅速爬到屋顶，转移到另一家或另一单元的楼梯进行疏散。

⑫卫生间避难法

当实在无路可逃时，可利用卫生间进行避难，用毛巾紧塞门缝，把水泼在地上降温，也可躺在放满水的浴缸里躲避。但千万不要钻到床底、阁楼、厨房等处避难，因为这些地方可燃物多，且容易聚集烟气。

⑬火场求救法

发生火灾时，可在窗口、阳台或屋顶处向外大声呼叫，敲击金属物品或投掷软物品，白天应挥动鲜艳布条发出求救信号，晚上可挥动手电筒或白布条引起救援人员的注意。

⑭逆风疏散法

应根据火灾发生时的风向来确定疏散方向，迅速逃到火场上风处躲避火焰和烟气。

⑮"搭桥"逃生法

可在阳台、窗台、屋顶平台处用木板、竹竿等较坚固的物体搭在相邻建筑上，以此作为跳板过渡到相对安全的区域。

（5）井下事故现场应急处置和逃生方法

出现井下冒顶事故后的自救措施有以下几点。

①发现采掘工作面有冒顶的预兆，自己又无法逃脱现场时，应立刻把身体靠向硬帮或有强硬支柱的地方。

②冒顶事故发生后，伤员要尽一切努力争取自行脱离事故现场。无法逃脱时，要尽可能把身体藏在支柱牢固或岩石架起的空隙中，防止再受到伤害。

③当大面积冒顶堵塞巷道，即矿工们所说的"关门"时，作业人员堵塞在工作掌子面，应沉着冷静，由班组长统一指挥，只留一盏灯供照明使用，并用铁锹、铁棒、石块等不停地敲打通风、排水的管道，向外报警，使救援人员能及时发现目标，准确迅速地展开抢救。

④在撤离险区后，可能的情况下，迅速向井下及井上有关部门报告。

发生井下透水的自救措施包括以下几点。

①井下突然出现透水事故时，井下工作人员应绝对听从班组长的统一指挥，按预先安排好的退却路线进行撤退，不要惊慌失措、各奔东西。万一迷失方向，必须朝有风流通过的上山巷道方面撤退。

②透水事故发生后，如果有人受伤，应积极进行现场抢救。出血者立刻止血，骨折者要及时固定和搬运。

③如透水事故发生并有瓦斯喷出时，探水人员带防护器具，或者在工作地点加强通风，保持空气的新鲜和畅通。不可把通风机关闭。

④被水隔绝在掌子面或上山巷道的作业人员应清醒沉着，不要慌乱，尽量避免体力消耗。全体井下人员还应做长期坚持的准备，所带干粮集中统一分配，不要无谓地浪费掉；关闭作业人员的矿灯，只留一盏灯供照明使用。

⑤井下透水事故发生后，应尽快通过各种途径向井下、井上指挥机关报告，以便迅速采取营救措施。

为预防井下透水事故，应掌握透水前的征象和规律。这时，往往煤层发潮发暗，巷道壁或煤壁上有小水珠，工作面温度下降，变冷，煤层变凉，工作面出现流水和滴水现象，工作时能听到水的"嘶嘶声"等。发现这些透水征兆，要及时撤离人员躲到安全地点。

井下发生爆炸事故的自救措施包括以下几点。

①据调查统计，矿井下发生煤尘爆炸时，多数遇难人员直接死因并不是爆炸和燃烧，而是有害气体和缺氧引起的中毒和窒息。所以，发生煤尘爆炸时，自救措施要果断及时，方法得当，尽可能减少伤残和死亡的发生。

②当瓦斯、煤尘爆炸时在现场和附近巷道的工作人员，千万不可惊慌失措。当听到爆炸声和感到冲击波造成的空气震动气浪时，应迅速背朝爆炸冲击波传来方向卧倒，脸部朝下，把头放低些，在有水沟的地方最好侧卧在水沟里边，脸朝水沟侧面沟壁，然后迅速用湿毛巾将嘴、鼻捂住，同时用最快速度戴上自救器，拉严身上衣物盖住露出的部分，以防爆炸的高温灼伤。在听到爆炸瞬间，最好尽力屏住呼吸，防止吸入有毒高温气体灼伤内脏。避免爆炸所产生强大冲击波击穿耳膜，引起永久性耳聋。

③煤尘爆炸后，切忌乱跑，井下人员应在统一指挥下，情绪镇定，要迅速辨清方向，按照避灾路线以最快速度赶到新鲜风流方向。外撤时，要随时注意巷道风流方向，要迎着新鲜风流走，或躲进安全地区，注意防止二次爆炸或连续爆炸的损伤。

④用好自救器是自救的主要环节，当戴上自救器后，绝不可轻易取下而吸外界气体，以免遭受有害气体的毒害，要一直坚持到安全地点方可取下。

⑤在可能的情况下，撤离危险区后及时向井下调度、矿调度和局调度报告。

井下发生火灾时的自救措施有下面几条。

①沉着冷静，迅速戴好自救器，避灾领导要逐一进行认真检查后撤退。

②位于火源进风侧人员，应迎着新风撤退。位于火源回风侧人员，如果距火源较近且火势不大时，应迅速冲过火源撤离回风侧，然后迎风撤退；

如果无法冲过火区，则沿回风侧撤退一段距离，尽快找到捷径绕到新鲜风流中再撤退。

③如果巷道已经充满烟雾，也绝对不要惊慌，不能乱跑，要迅速辨认出发生火灾的地区和风流方向，然后俯身摸着铁道或铁管有秩序地外撤。

④如果实在无法撤退，应利用独头巷道、硐室或两道风门之间的条件，因地制宜，就地取材构筑临时避难硐室，尽量隔断风流，防止烟气侵入，然后静卧待救。

⑤有条件时应及早用电话同地面取得联系，以便救护队前来救援。

⑥所有避灾人员必须严格遵守纪律，听从避灾领导的指挥，团结互助，共同渡过难关。

（6）危险品泄漏事故现场应急处置和逃生方法

常见的危险化学品：苯、液化气、香蕉水、汽油、甲醛、氨水、二氧化硫、农药、油漆、煤油、液氯等。危险化学品引起伤害特点：刺激眼睛，流泪致盲；灼伤皮肤，溃疡糜烂；损伤呼吸道，胸闷窒息；麻痹神经，头晕昏迷；燃烧爆炸，物毁人亡；进入机体引起器官功能障碍。其自救措施主要是迅速撤离事故发生地，向不能扩散的地区转移，同时用湿毛巾捂住口鼻。

发生危险品化学事故时，要注意收听灾害信息，按照应急救援部门的指挥谨慎行动。

如果位于污染区或污染区附近，应当立即向上风向撤离，并且尽快找到避难场所。撤离途中要采取适当的自我保护措施。

①用湿毛巾、温口罩和防毒面具等保护呼吸道。

②用雨衣、手套、雨靴等保护皮肤。

③用防毒眼镜、游泳潜水镜、开中透明塑料袋等保护眼睛。

如果应急指挥部门要求人员留在室内，刚应当采取以下措施。

①立即关闭所有的门窗、空调和通风设备。

②尽可能待在最里层的房间。

③将门窗缝隙用胶条密封。

④带上贮备的应急物品。

如果接触或暴露在危险化学品中，进入避难场所后，要立即进行清洁处理。

①清洁处理时要特别小心，凡是与身体接触的所有被污染的衣物，都要立即脱掉。

②防止脱衣时化学品污染眼睛、鼻子和嘴，应当将套头衫剪开后再脱掉。

③用水冲洗眼睛、头发和手，然后再洗净全身，换上干净的衣服。

只有在应急管理部门解除危险警戒后，才可以返回事故区。

①打开室内的门窗和通风设备。

②咨询相关部门如何清理废物。

③发现残存可疑危险品要及时报告。

（7）中毒、窒息事故现场应急处置和逃生方法

①现场应急处置技巧

▲中毒、窒息事故可分为两种情况，其一是进入设备、容器、池、沟等密闭空间，进行检查、检修等作业和抢修、堵漏、救人等作业；其二是泄漏事故的抢修、堵漏作业时中毒。

▲在密闭空间作业时监护人等发现有中毒、窒息情况时，不能贸然下去抢救，必须立即采取作业前准备的各项急救措施。使用通风设施、防毒面具、绳索、梯子等。发生着火时，不能用二氧化碳、四氯化碳等窒息性灭火器扑救。总之，不能使事故扩大。

▲对于有毒物泄漏空间的救援作业，首先佩戴防毒护品，全面打开门窗通风，并携带防毒护品，给补救人员和伤员佩带，协助他们或救助他们脱离污染区。要注意救护过程中，防止产生静电、着火、爆炸等二次灾害。

▲伤员转移至通风处，松开衣服。当伤者呼吸停止时，施行人工呼吸；

心脏停止跳动时，施行胸外按压，促使自动恢复呼吸。

▲尽快送往临近医院救治或拨打"120"急救电话，拨通救护电话后，要讲清"三要素"：一讲清危重病人所在厂区的详细地址；二讲清灾害性质、受伤人数、中毒或窒息缘由，便于医院做好应急抢救准备；三讲清报警人的姓名和电话号码。

▲医疗部门电话打完后，应立即到路口迎候救护车。（注意不要先挂电话），护送前及护送途中要注意防止休克。搬运时动作要轻柔，行动要平稳，以尽量减少伤员痛苦。

②毒气泄漏后的逃生自救

▲呼吸防护

在确认发生毒气泄漏或袭击后，应马上用手帕、餐巾纸、衣物等随手可及的物品捂住口鼻。手头如有水或饮料，最好把手帕、衣物等浸湿。最好能及时戴上防毒面具、防护口罩。

▲皮肤防护

尽可能戴上手套，穿上雨衣、雨鞋等，或用床单、衣物遮住裸露的皮肤。如已备的防护服等防护装备，要及时穿戴。

▲眼睛防护

尽可能戴上各种防毒眼镜、防护镜或游泳用的护目镜等。

▲撤离

毒气泄漏现场逃生，要抓紧宝贵的时间，任何贻误时机的行为都有可能给现场人员带来灾难性的后果。因此，当现场人员确认无法控制泄漏时，必须当机立断，选择正确的逃生方法，快速撤离现场。要判断毒源与风向，沿上风或侧上风路线，朝着远离毒源的方向迅速撤离现场。不要在低洼处滞留。

▲冲洗

到达安全地点后，要及时脱去被污染的衣服，用流动的水冲洗身体，特别是曾经裸露的部分。

▲救治

迅速拨打"120"，及早送医院救治。中毒人员在等待救援时应保持平静，避免剧烈运动，以免加重心肺负担致使病情恶化。

（8）常见工伤事故的现场处置和逃生自救方法

①发生工伤事故后，人们往往陷入恐慌和忙乱的状态，面临突发事件不知所措，这样不仅耽误救助伤者的时间，也可能给事后调查造成不必要的麻烦。事故发生后，现场人员最主要的工作是救助伤者、离开危险的环境、及时的事故报告、保全现场。

②事故发生后，现场人员或者伤者应展开自救。如果伤势严重，应最快拨打120急救电话，并及时向本单位领导汇报伤亡事故情况，获取援助和指导。

③工伤职工救治应当到工伤定点医院，情况紧急的可以就近就医，脱离危险后再转入工伤定点医院。由于定点医院医疗水平所限，须转入有条件医院救治的，购买了工伤保险的情况下，应由单位与所在保险经办机构协商后转院；没有购买保险的，伤者与用人单位协商后转院。

④伤者进行治疗时主要保留完整的病历、转院证明及各项检查凭证、医疗票据等。

⑤保护自身安全，及时撤离险境。如工伤现场很危险，应及时撤离，如火灾、垮塌、爆炸、毒气等事故现场。

⑥向企业负责人报案或向公安机关报案。事故发生后，现场人员或伤者应及时向企业负责人报案，或者直接拨打"110"报警，并如实汇报事发情况，协助调查。